U0144416

好運宅改造王

운명을 바꾸는 인테리어 TIP 30

SELF INTERIOR TIP

型男設計師教你創造正能量空間

朴成浚 著
游芯歆 譯

命中注定的房子不用找，去創造

30天打造愛情、健康、財運亨通的療癒好宅

照片協助

Ⓕ 1st-Avenue室內設計 / www.1st-ave.kr / Tel. 070-4203-6337

Ⓣ 2n1空間設計 / www.2n1space.com / Tel. 02-547-6606

命中注定的房子
果真存在嗎？

為什麼我一事無成？為什麼我馬齒徒長，還是這副德性？為什麼別人的人生看起來都不錯，只有我如此落魄淒涼？根本原因雖然很多，但若找不到具體原因，那麼就有可能起因於你目前所居住的房子。

生死有命，不是我們預料得到的，從連日來新聞報導的事件中那些無數生離死別的人身上，就可以了解到這一點。但是不管年紀輕輕，還是上了歲數的人，基本上大家仍舊深信自己能長命百歲，也在此信念之下，規劃自己的人生，堅守各自的價值觀，努力生活。

同時我們卻在不知不覺中，忽略了日常生活裡的小確幸，只想擁有更多東西，不斷努力想達到世人眼中對幸福的標準。但我們卻不知道，什麼才是真正的幸福。現在，就是我們該捫心自問的時候了。

「我們真的幸福嗎？我現在幸福嗎？」

住宅也一樣。「家」是我們消磨最多時間的空間，我們不斷裝飾，不斷讚美，但卻盲目跟隨世上潮流，殊不知該有自我原則，一旦聽說流行走向北歐風，先跟了再說。

「但是，為什麼？為什麼非得如此？」

北歐風，嚴格來說，是配合北歐氣候或生活方式的一種室內設計標準，同時也是長時間生活在那樣的環境中自然形成的一種必然結果。但是性急的我們，不僅能力驚人的在短時間內趕建出北歐風，甚至是懷舊風，而且在價值觀上也很自然的習慣接受這一切。

所有設計都應該存在一個理由，不僅自己的生活方式必須完整融入其中，也必須是一個自我感覺最舒適的空間。想擺脫盲目跟風，愛向他人炫耀的生活，第一步就是傾聽自己內心深處的聲音，多關注「家」這個空間。同時從家具和擺飾開始，建立出一套標準，打造專屬個人的室內裝潢，並且活用「創造最佳空間的風水概念」，提升生活品質和幸福。

人所建築的房屋和空間，會影響居住在裡面的人，進而創造出不同的人生。同時依照循環結構，產生相互作用。就像明明這個人對我很好，我卻莫名看他不順眼一樣，有些空間，即使只是短暫坐在裡面，也覺得渾身不舒服；而有些空間，就像一個大家都討厭的人，卻和我很談得來、相處愉快，只有我覺得安逸舒適。

因此，讓我們找出專屬自己的空間，然後再花時間，慢慢打造出家人齊聚的空間吧。為了達到此一目的，我們可以以風水的基本概念為前提，觀察一日數變的風、水動向，經過四季流轉綜合分析，再根據結果找出最適合個人生活的宅地。在一步步實踐的過程當中，必然能感受到自己的工作、愛情，以及財運，有了顯著好轉的變化。

衷心祝願本書讀者幸運常有、幸福常在、希望常存。同時也懇切盼望，能以那幸運和幸福為基礎，創造自己的人生。

朴成浚

CONTENTS

CHAPTER 1

室內裝潢的根本在風水

蓋房子的時候，先要有基本架構，然後才依此選擇建材，蓋出一棟房子。
同時，房子內部裝潢也需要有基本架構，那就是風水。
在風水的基本架構上，再隨個人喜好和時代潮流，
選擇建材和顏色，創造出給自己帶來好運勢的空間。

CHAPTER 1

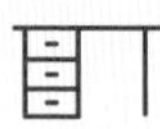

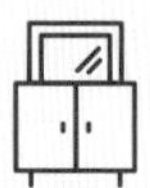

01

風水乃人與空間的科學

最佳空間的展示：風水

風水是一門調和自然，以豐富人類生活為目的的學問，注重自然與人類之間的和諧，意在趨吉避凶。

而在現代風水中，周圍的人為環境代替了過去的山和水，因此該如何規劃，才能與周圍建築已成形的條件達到協調，十分重要。

風水不該被視為迷信，因為這是基於經驗學習所創造出來的空間邏輯結構。韓國的國旗——太極旗，就是以陰陽太極，加上陰和陽的相互變化、衍生的模樣，透過「爻象」化為具體的「乾坤坎離」四卦所創造出來的。在這個國家裡，陰陽五行和諧均衡的風水這門學問，早已成為一門顯學。

風水一詞，出自「藏風得水」之說。過去在農業社會裡，除了要避開西北強風之外，一個風通水蓄，有益農作的良好環境，才是最理想的地方。風水便是在如此意義之下，順勢而生的詞彙。

但是，隨著時代變遷，所謂「好的環境」也有了不同的解釋。現代社會已不再以農耕為主，不僅存在著各式各樣數不清的行業，而且時時刻刻都在快速變化。因此，現代也成了比過去任何時候都更需要一個最佳空間的時代。

基於環境和諧的
原則與標準

風水不僅用來為陽宅或陰宅尋一塊好地，同時在打造我們生活、工作的空間時，也會探究住宅或大樓的和諧，使之成為給予心靈自然、穩定感的地方。因此，不只建造住宅或大樓之類的建築會應用風水，在開發某些特定地區的都市計畫和區域發展時所興建的道路、港灣、鐵路等工程領域上，風水都足以成為基本的原則與標準。如今風水已不再局限於過去主要對「地氣」的關注，連大樓或道路等人為建築物或企業大樓用地、大樓住宅社區的選址，都會基於與周邊環境協調的考量，來加以設計、安排，可說風水應用的範圍已經愈來愈廣泛。而且不只在中、日、韓、香港、新加坡等國，甚至連最重視邏輯理論的歐美國家，也將風水應用在各式各樣的建築和內部裝潢上。

事實上，香港高達四十七層樓的香港上海銀行，就有風水師的積極參與；前美國總統柯林頓也曾基於風水的考量，改建自己位於白宮的辦公室；貝克漢夫婦也請風水地理師看過女兒哈珀的房間，在房間的設計上灌注不少心血。不僅如此，許多大企業總裁的宅邸和企業大樓，通常也是從興建之初就在風水的考量下選址，再依照風水格局設計適合那塊土地的建築。同時，當家庭或企業內部發生問題時，也會考慮到風水，積極尋求補救的方法。

不偏不倚的
均衡學問

世上萬物皆可分陰陽，全都由「金、木、水、火、土」所組成。粗、亮、凸、暖，屬於陽性；細、暗、凹、冷，屬於陰性。

所謂五行，就是構成宇宙物質的五種元素，即木、火、土、石（鐵）、水。五行也表現在方位、色彩和季節上。樹木的木代表東方、青或綠色、春季；熊熊的火代表南方、紅色、夏季；泥土的土代表中央、黃色系；岩石的金代表西方、白色、秋季；江河的水代表北方、黑色、冬季。

像這樣打造出一個陰陽五行不偏不倚、均衡存在的空間，就是風水裝潢。空間裡若出現偏倚，就必須以其他元素或設備來中和，製造出流動的生氣，並讓這份生氣能積聚下來，以創造出一個通暢的空間，這便是風水裝潢的目的。

為了達到此一目的，在建造住宅或大樓的時候，最基本的就是要考量方位上的安排，並依此決定建築物的主要建材和顏色，而且還要考慮到與周圍建築或自然景觀之間的和諧關係。同時也透過探究這塊即將起造建築物的土地，充分了解其歷史、文化、地理上的脈絡之後，才能配合此來龍去脈施工。而此處所指的來龍去脈，就廣義上來說，還包括依照日後居住在這棟房子或建築裡的人的先天（五行）傾向，設計一個能提升舒適度和效率的空間在內。

有了如此均衡的能量，才能奠定並激發最佳運勢，提高成功機率，健康快樂生活的基礎。同時，透過空間與個人相互交流的能量循環，也可以在學業或愛情等問題上，提供積極的解決之道。

保持五行均衡的方位、色彩和建材

一般的五行，多半偏重一方，或有一兩種元素不足，呈現失衡的狀態。空間也是如此，因此對空間來說，就需要進行風水裝潢，以填補不足之氣，或者是壓制、洩掉過多之氣。而在進行風水裝潢工程的時候，也會利用到各種對應五行的方位、色彩和建材。

尤其是超越了一般的風水，利用空間結構來進行風水裝潢時，便會採用五行中所缺少的色彩或建材。這種情況，就必須先分析居住者八字的出生年、月、日、時。如果八字裡的出生日屬「土」，而房屋整體上也是「土」氣較強的話，就必須利用能剋土的「木」氣，也就是樹木，來設計裝潢。同時，也可以在房子內部採用「金」氣旺盛的大理石建材，以「金」氣來洩掉太強的「土」氣。

如果出生日屬「土」，但土氣卻不足的話，就可以選擇屬「火」氣的色彩：紅色或粉紅色系的牆壁裝飾貼。如果是由自己起造建築，也可以選用代表「土」氣的黃土做為建材。

五行的相生相剋

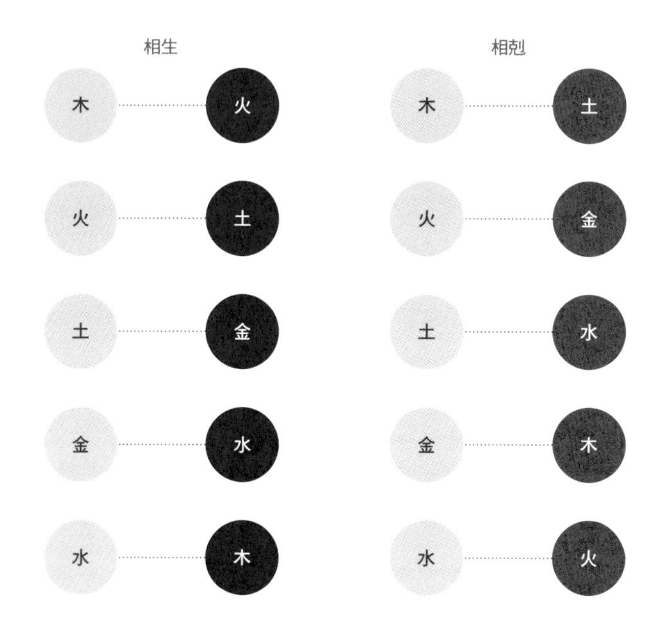

五行	相生		相剋	
木	火	樹木燃燒成火	土	樹木在土裡生根
火	土	灰燼化為土	金	火可熔鐵
土	金	土變得堅硬之後成為岩石	水	土會阻擋水的流向
金	水	岩石含水層冒出水	木	斧頭砍木
水	木	水滋養樹木	火	水可滅火

人與空間
之間的氣

有一次在某電台節目中談到面相的話題時，主持人問了我一個問題——「是因為長得一副愛玩的模樣才愛玩？還是愛玩才長成那副模樣？」做為一個沒研究過面相或陰陽五行的人，確實會對這樣的問題感到好奇，也想一探究竟。我心裡一面感嘆這真是個好問題，一面也做出了回答：「愛玩的長相，自然就愛玩；但也有玩久了，長相變成那副模樣的。愛玩本身不能定『善』、『惡』，因此只能說是一種相互影響之下所產生的循環結構。」

如此的循環結構不只存於外在的面相與內在的心相，人與人之間也有氣的交流。同樣，人與空間之間彼此的氣也會相互作用。從一個人的穿著，就能知道這個人的習性或喜好；從一個人生活或工作的空間，也能解讀他的內在。而這個由人所打造出來的空間，也會對身處其中的人產生或好或壞的影響，彼此形成一種循環結構。風水裝潢就是關注人與空間之間的循環結構，考量土地與周圍景觀的和諧，設計出土地上將起造的建築和其內部空間，再讓生氣循環其內。

改變室內裝潢
的基本概念

找一塊風水寶地，蓋一棟房子居住，這對大部分的人來說，不僅在經濟上是一大負擔，也沒有那麼多餘暇時間。就算兩者皆備，但要找到一塊適當的風水寶地，也不是一件容易的事情。

現在和過去不同，大多數人都住在集體居住的大樓住宅或套房裡。因此比起為祖先找塊好墓地，以期子孫福運亨通的陰宅風水，現代人對於目前所居住的房子和工作環境的和諧、均衡，也就是陽宅風水，更有興趣。

而在陽宅風水中，尤其是對風水裝潢的興趣愈來愈高。風水裝潢，就是針對現有的大樓住宅或套房，進行內部空間的設計，引導生氣注入其中的工程。

自古以來，人總是執著於擁有自己的房子。相較於過去，生活於現代的人，更希望能在自己消磨最多時間的住宅或工作場所裡注入好生氣，藉此變得更幸福。隨著這種價值上的認知逐漸擴散，如今風水裝潢已經被視為裝潢的基本概念，具有重要意義。

這類風水，尤其風水裝潢，是打造舒適愉快的居住或工作空間時，最重要的因素。不只在建築方面必須考慮功能與效率，還必須考慮到整體環境，以及功能各異的各個局部空間彼此的和諧。風水裝潢還必須包括一個特點，就是不僅要打造出能提供心理上的安定感和舒適感的空間，而且還要能反映出個人風格和喜好。

CHAPTER 1

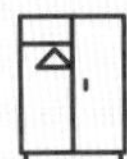

02

風水裝潢從清理開始

空間的餘地
創造生氣

風水一詞來自於過去農業社會「藏風得水」的種田佳境。從某些方面來看，風水講究的，實際上是一個能使各時代的生活，以最有效率的方式進行下去的空間。

進一步來說，適合個人天性和喜好的最舒適空間，以風水來說，也就是好的空間。但這裡必須提到一項在風水上，尤其是風水裝潢裡，十分重要且具有普遍性的真理。

風水裝潢，是指內部空間的設計之外，再引導生氣注入其中的工程。不過，最基本的前提是，必須讓空間留有餘地，才可能聚氣。

首先，要清理出一個空間，然後才能加以設計，也才能注入生氣。就像一個滿身肥肉的人，若想靠運動練出肌肉，首先就得減肥。

一般來說，結婚生子之後，隨著孩子長大，會想購買一處比現在更大的房子或大樓住宅，增加使用空間。然而，這卻不是根本的解決之道。因此，就裝潢或風水來說，最重要的其實是「清理」。

由此可知，裝潢或風水的基本原則，就是將不用的東西丟掉，剩下的物品好好整理乾淨。之後不僅要保持如此整潔的狀態，還要維持採光、通風、換氣的良好順暢。裝潢與風水的開始一點都不難，首先，將家裡或房間裡所有東西都拿出來，區分出不需要的東西或不常用的物品，並將其丟掉，就算踏出了第一步。

如此清理過之後剩下來的物品，再依使用頻率或季節性分開收納，這點非常重要。收納的時候，不要像罐頭裡的沙丁魚一樣擠得滿滿的，要放得寬鬆一點，留點餘地，才能生出縫隙，讓生氣得以流通。

再者，為了維持如此的收納狀態，一定要養成東西用完之後放回原處的習慣。不然，再怎麼整潔的空間，過不了多久又會回到之前髒亂的狀態。

選出使用頻率較高的物品，整理乾淨收好。收納的時候，不要把空間擠得滿滿的，要放得寬鬆一點，留些餘地。養成清理的習慣，為生氣製造流動的通道。

內置式
收納

近來在大樓住宅或套房裡，常可看到內置方式的設計。主要是將家電產品當成家具一般，設計成內置方式收納起來。這雖然是一種簡潔的設計，也是出於空間使用上的效率性考量，但其實還是以風水裝潢為根本，力求人與空間彼此的氣能夠順暢交流，再添加實用性的設計。

一般是將客廳裡的大型家電，如電視機或冷氣機，以內置方式收納起來，讓客廳回歸原本所扮演的角色，做為家人溝通、和睦相處的空間。內置式收納是室內設計一個很好的創意，可以讓人與空間的循環結構更為順暢。

CHAPTER 1

東西愈多愈捨不得丟，心也變得愈複雜

現代社會商品繁多，需要的買，不需要的也買。而且擁有許多奢侈品，似乎也成了一種財富的象徵，彷彿不買這件東西就不快樂似的。如同精神上受到壓力會暴飲暴食一般，在下手血拚的同時，也填補了心靈的空虛，因此每個人的生活都暴露在受到物欲支配的危險中。

但是生活裡其實並不需要這麼多的物品，可見人生不一定非要擁有很多東西，才能變得幸福。因為物品不該只是擁有，而應該拿來使用才對。生活中最珍貴的，不是物品，而是與自己關係親密、一起生活的人。與此同時，還要聆聽自己內在的心聲。

執著於物，最讓人疲累，也讓人心隨之變得複雜。在現今這個人事紛擾，關係複雜，還得忍受工作壓力的社會裡，懂得捨棄才是最好的解決之道。當然，不必、也沒道理非得達到一無所有的地步，那種境界留給「修心者」去達成就好。不管怎樣，先丟了吧！與其煩惱什麼該丟，什麼不該丟，不如先丟了再說。

如果很難做到以捨棄來減少持有物的「清理」方式，那麼至少先一件一件慢慢丟掉自己所執著的物品，慢慢的也就能全部清理乾淨了。譬如說家裡的冰箱，就只是一件保持食物新鮮

的家電產品，是沒什麼好執著的一件用品。說得極端一點，就是要打造出一個能捨棄物欲和執著的環境，即使現在死去，也不會有一樣讓自己掛心的東西存在。

捨棄後清出的
簡單生活與空間

看看那些覺得以後用得到，塞滿整個儲物室，甚至放不下而往外挪移的東西和裝箱物品吧！不知什麼時候才會用到，說不定這輩子也只用得上這麼一次。

但是我們往往忘記這些物品的存在，就算知道有，也因為無處可尋，又買了一件。即使運氣好碰到能派上用場的時候，這件東西也早已成為雜物，不僅占地方，把空間裡的氣弄得混濁不堪，還扼殺好生氣，也失去了「惜用」的價值。再想想過去被一大堆如沙丁魚罐頭般擠得滿滿的東西所牽絆的沉重生活，會覺得一點意義都沒有。

好好審視自己的東西吧！如果過去一次都沒用過，那當然應該丟棄。若是過了一年，或六個月內都沒使用過，那當然也該丟掉。因此第一點要考慮的是過去的使用頻率，第二點則是找出心理上讓自己感到不舒服的東西，也要丟掉。

不管你是在自己的房間還是客廳閱讀這本書，先好好觀察一下周圍環境吧。先不管那些衣服、書籍、擺飾、家具在購買時的價格高低，好好想想有沒有莫名就覺得討厭或感到礙眼的東西。然後想一想，是把那件家具或物品換個地方放，問題就能解決？還是乾脆丟了，眼不見為淨。一旦決定之後，就動手清理吧。

最重要的是，不要以購買那件物品的金錢價值來判斷，而要本著打造一個讓自己心情舒適、生活愉快的空間來思考。養成了依此原則來捨棄不用之物的習慣後，就能體會到自己的生活變得多麼單純、有效率，心靈也愉快起來了。有了如此令人驚訝的奇妙體驗之後，身邊就不再囤積無用之物。光是這點，也算做到了用風水打造最佳生活環境的目的。

不過，如果心裡還是希望能留著東西當紀念，或是想著將來總會用得上，那最好去尋求專業清理專家——「清理顧問」的協助。紀念是一種個人主觀的追憶，而清理顧問會從客觀上考慮物品的必要性和使用頻率，該丟的丟，該整理的整理，最後就清理出一個讓人的心情像是十年積食，一朝化解的空間。

物品
使用頻率
心理上
的安定
清理顧問

03

風水與裝潢
為生活注入生氣

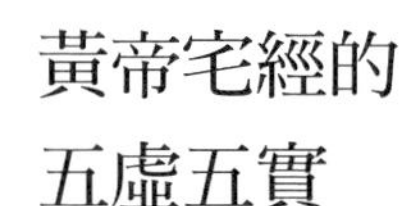

黃帝宅經的
五虛五實

家宅風水研究中，據傳年代最久遠的文獻《黃帝宅經》裡有「五虛五實」一說。令人生活變得窮困、家勢逐漸衰亡的五虛中，有一點就是宅大人少。

一般來說，一個人的專用面積以6到8坪為宜，因此以一家四口為標準來計算的話，24坪到32坪的房子可說是最適當的大小。如果因為雜七雜八的東西變多，而搬遷到對比家中人口數還大的房子裡，堆積物品的儲物空間變大，濁氣就會聚積起來。家宅的氣變虛，不是一件好事，因為空間必須維持在人手能時常觸及的範圍內才好。

《黃帝宅經》裡的「五虛」、「五實」依序來看，五虛裡的一虛就是前述「宅大人少」，也就是說，一間大房子裡只有少少幾個人住的情況，虛而不實，主凶。因為房子太大，裡面的氣超過了人所能接觸的範圍，就會產生出許多人顧不上的空間。以過去士大夫所居住的大宅為例，在家丁多、賓客往來頻繁的時期，不覺得宅子有多大；到了現代，宅子裡人變少了，慢慢這座宅邸也變得像毫無生氣的凶宅一樣荒廢了。

二虛「小宅大門」，一間小房子卻開了一扇很大的門，這種情況下，氣容易流失，凶厄容易入侵，房子就成了虛而不實的空間，主凶。大門或玄關是接納外部好運氣的媒介空間，因此大小必須配合房子的規模，這點很重要。大門或玄關與房子大小的關係是，前者的尺寸必須足以承載符合房子規模的好能量（氣）。入口的玄關，如果和房子比起來顯得太大，看起來就有點虛張聲勢的味道，這也是不行的。近來大樓住宅或一般住宅中常見的中門（進了大門以後的第二道門）也一樣，尺寸必須配合房子整體面積的大小。

三虛「牆垣不完」，是指如果圍牆不堅固，外部的凶煞就會侵入家宅裡。四虛「樹木茂盛」，是指如果大樹長得太茂盛，地氣就會流失，變得陰濕。五虛「宅地多屋小」，是指一片大宅地上，只蓋了一間過小的房子，宅氣會變虛，主凶。

五實的一實是「小宅多人」，小房子裡住了很多人的情況，內實，主吉。二實「大宅小門」，房大門小的情況，氣不外洩，還能把凶厄阻擋在門外。三實「牆垣完全」，圍牆堅固，才能輕鬆應付外部凶煞。四實「小宅多六畜」，房子雖小，若六畜興旺，能聚財，主吉。五實「南向東門」，朝南的房子，大門向東開的話，冬暖夏涼，四時四季生氣盎然，家庭和樂，萬事亨通。

如前述《黃帝宅經》裡的「五虛五實」，說明了人所居住空間的虛實，也讓我們對生活空間裡該採用的組成要素，有了一個思考上的大框架。

譯注：《黃帝宅經》裡「五虛五實」的原文和本書內文略有不同，原文是「宅大人少一虛，宅門大內小二虛，墻院不完三虛，井灶不處四虛，宅地多、屋少、庭院廣五虛。宅小人多一實，宅大門小二實，牆院完全三實，宅小六畜多四實，宅水溝東南流五實」。

《黃帝宅經》的五虛五實

五虛		五實	
宅大人少	房子大住的人少	小宅多人	房子小住的人多
小宅大門	房子小大門卻很大	大宅小門	房子大門卻小
牆垣不完	圍牆不堅固	牆垣完全	圍牆堅固
樹木茂盛	大樹茂盛陰濕氣重	小宅多六畜	小房子裡六畜多
宅地多屋小	大宅地上蓋小屋	南向東門	房子朝南蓋，大門朝東開

簡潔就是美
(Less is More)

德國出身的建築師密斯・凡德羅（Ludwig Mies van der Rohe）有句經典名言——「Less is More」，亦即「簡潔就是美」。該清的清，該丟的丟之後，才能更接近事物的本質，讓空間變得更加豐富。

這句話同樣適用於風水，經過清理、丟棄的過程，讓空間騰出餘地，更接近本質，如此空間才能更忠實履行自身的功能和義務，並藉此成為一個契機，讓在這個空間裡生活或工作的人擁有更高的創意和遠見。人生在世，最重要的就是先見之明。

CHAPTER 1

清空才能看得更透澈

我選擇主修建築，並以此為業，是為了打造空間。而其前提是對人類的探討，這也就意味著，我無可避免的必須不斷學習包括哲學在內的人文學。但無論如何，人文這門學問確實讓我對生活產生了驚人的遠見。

遠見雖然可說是對未來的展望、目標、時代潮流的一種先見之明，但其最有價值的，是讓一個人擁有了在現今不斷變化的社會裡生存下去的洞察力。

我們認真忙碌的生活，卻仍舊貧困，家境不見好轉，想擺脫諸如此類奴隸般生活的唯一解決之道，就是要有遠見。遠見的價值至偉，而遠見的根本，就從清空開始。

為了達到此一目的，首先就必須先丟棄、先清空。正如食物會成為身體的一部分，一個人的健康往往受到愛吃什麼、常吃什麼所左右。但在充斥著化學調味料、防腐劑、食品添加物的環境裡，偶然嘗試一下還能忍受的斷食，不僅能清理體內的廢物，還能使口味更貼近自然食材的原味。

看看我們的四周，一定有些礙眼的東西，或讓自己有壓抑感的家具、衣物存在。不管年代多久遠、價格多昂貴，如果這些東西在你眼中已經成了占地方的多餘物品，那麼就應該即刻清空，為生活注入新的活力和刺激。這種體驗是每個人都需要的，只要有了一次這樣的經驗，以後就會發現自己不清空就受不了。

空間不是無限的，在有限的空間裡，必須靠清空來保持單純化，才能真正看清這個空間。當一個人習慣了空無一物的單純和心情舒暢的時候，生活中便會產生新的刺激和創意。再者，處於當今這個有創意、有想法、有遠見才有力量生存下去的時代，唯有清空，才能讓那份力量盡情發揮。

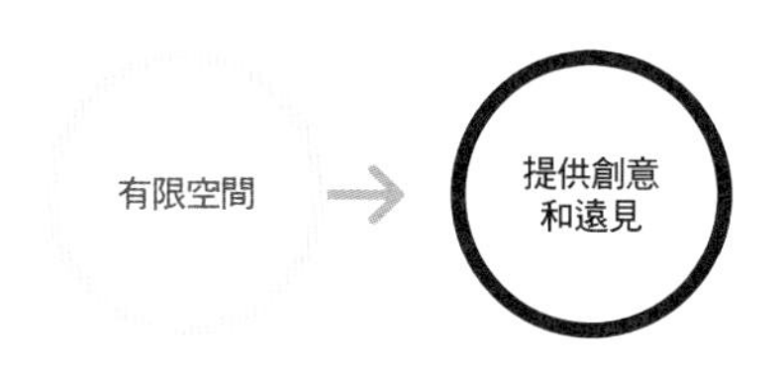

由空間來解決的問題

人的苦難大多來自工作或人際關係，在遭遇挫折的同時，為了跨越難關，會一面埋怨他人，一面設法熬過去。人生中的日常問題，通常其來有自。雖然最重要的是找出原因，加以克服，但有時也能在空間中找到解決問題的關鍵。

人與空間，存在相互作用的氣，建築師就算以特定概念設計了一棟建築，並且順利完工，但這棟建築卻也可能成為一個出乎意料不受人重視的死沉空間，或者創造出一個意外受到熱烈喜愛、生氣盎然的空間。

人生在世，無可避免會碰到很多問題。當某些問題發生的時候，稍微改變視角和觀點，關心一下自己吃、住、生活的空間或工作場所，是必要且有價值的。我們往往會碰上一些明明很順利卻無故受挫的事情。從根本上化解是一種解決之道，但從空間下手，製造生氣，將其影響化為工作上的一股積極力量，或是創造出一條全新坦途。

這種空間基本上必須考慮到風水，並得在功能方面多加用心，興建完成之後，再來煩惱空間內部的裝潢。不管是針對功能上的效率問題，還是解決相互交流上的問題，所有設計都必須存在理由。不過如果設計和裝潢的焦點只放在視覺上美觀的變化，那只能算是在大樓住宅這種建商統一製造出來的成品裡，再套上其他成品罷了。

因此，在空間裝潢上最重要的，就是應該充分掌握該家庭成員的生活形態，和目前空間的問題點，來找出解決方案，設計出一個讓日常生活產生新變化的空間。裝潢結束之後，還要放入家具、布藝品、小擺設等做為搭配，為空間注入活力。

風水與命運　1

風水裝潢，改變自己的命運

有時候，不管做什麼事情都提不起精神，也覺得自己一點運氣都沒有。當找不到任何原因來解釋這種情況的時候，不妨試著改變一下家裡的裝潢！風水裝潢是以科學的方式提供精神上的安定感，以及室內生氣流通、衛生的指導原則，充滿了以人為中心的哲學。

現代人的生活空間，不管是住家或者職場，多半集中在大樓密集的都市裡，難有選擇一處風水寶地蓋屋的機會。因此，如何選擇吉屋，或將格局固定的現有住宅，打造成一個能帶來好運的空間，是大多數人的願望。

風水首重人與自然之間的和諧，可由組成世間萬物的陰陽五行來調節，打造一個不偏不倚、均衡存在的空間。為達此一目的，就需要考量建築物的方位、顏色，與周圍建築或自然景觀之間的和諧。而風水與裝潢最基本的前提，就是「清理」，也就是說，要讓空間留有餘地，才可能聚氣。之後不僅要維持整潔的環境，還要保持採光、通風、換氣的良好順暢。善用風水，就能讓我們的生活產生微妙變化，吸引更多有利的機緣來到身邊。

因此，無論是自己的房子、在外租屋，或辦公室、工作室，我們都應該養成好習慣，將使用過的東西隨手歸位，看見髒亂順手清理，將自己消磨最多時間的地方，打造成一個生氣盎然、身處其間就覺得舒暢放鬆的空間。

CHAPTER 2

命中注定的房子不用找，去創造

過去的風水，是找一塊寶地，蓋一幢結構穩定的住宅。然而時至今日，
想準備一處符合如此條件的棲身之地，現實上有許多的困難。
家是我們一生之中投資最多時間和金錢，賦予特殊意義的地方。
而現代風水，就是要將我們目前居住的家，
打造成一個能給我們帶來最佳運勢的空間。

CHAPTER 2

01

與我們生活息息相關的現代風水

風水的
基本原理

風水是觀察由山勢、水勢、地勢所形成的吉凶之氣，其基本原理，最重要的就是與周圍自然環境，以及與土地之間的和諧、均衡，還要考慮方位。而在家宅風水氣場的風水裝潢中，除了要注意與周圍自然環境或大樓之類人為建築物之間的關係與方位之外，也必須利用家具和擺飾的配置、建材與顏色的安排，讓住宅或辦公室內部的五行之氣彼此相生，打造出一個生氣凝聚、實而不虛的空間。

對於一個家來說，應該在玄關、廚房、衛浴、臥室等各個局部空間發揮最佳功能為前提的情況下，好好觀察內部氣場，局部空間裡是否有哪處太過擁擠或過於空曠，整體空間的均衡美也很重要。具備這些條件之後，才能成為一個讓居住於其中的人愈來愈健康、財富愈聚愈多、感情愈積愈厚、工作順利、學業進步的住宅。

路代表水，
也就是財

風水中將水視為財富，自古稱為水的江河，也是交通衢道和灌溉的重要來源。這也意味著藉由江海，人可以移動，貨物得以交易。因此，水便代表金錢的聚集和流動。

再者，「水」這種物質，如果沉積不動，就成了腐水，因此具有必須保持流動的習性。而且這水，如果水聲轟鳴、水勢洶湧的話，那就糟糕了。必須徐緩前行、蜿蜒不絕、流水無聲才好。緩慢蜿蜒流淌的河川，才能形成砂土沉積的土壤。經過如此長時間累積下來的大地，便會成為一片沃土，在過去是最適合農耕的地帶。

現代風水裡，道路被視為水。道路的走向，必須如水圍繞大地，而被道路所圍繞的內側宅地，便屬風水寶地。而現代風水中，大樓被視為山，因此如果住家後面有比自己所住建築要高的建築物，前面又有寬度適中的道路，此地就可說是一塊風水寶地。

1 道路蜿蜒圍繞的內側宅地為宜。

2 宅地不可低於道路。

3 最好不要住在高架橋下方的低層住宅。

4 緊鄰斜坡路，或玄關正面對著斜坡路的房子，就如水傾斜而下，不易聚財。

5 三岔口交叉點附近的房子，易聚煞氣，多口舌。如果房屋四周全被等寬道路所包圍，形同孤島，家宅不安，主凶。

明堂
的條件

1 最好是「背山面水」形，也就是後面有山、丘可靠，前面有溝渠、小溪、江河流淌的地形，水流要蜿蜒環抱那塊地。

2 山，或是現代風水中被視為山的建築物，最好在後方，而且要高。前方最好景觀開闊，視野無礙。後高前平之處，屬吉地。

3 溝渠、小溪、江河等水流蜿蜒環抱的內側宅地為佳。現代風水中被視為水的道路，也必須環抱宅地或大樓。被環抱在內的地區，屬吉地。

4 四方或三方有山環繞的地形，內側為寶地。也就是說，周圍被溫柔環抱住的內部區域，是風水好地。但這種情況下，必須注意山麓不可中斷。

5 望著丈夫背脊睡覺的妻子，看起來淒涼又悲哀。丈夫的背代表山的外側，腹部代表山的內側。因此房子不可蓋在面對山陡峭的外側，而該朝向山緩坡的內側才吉利。而位於一座雄壯威武又險峻的高山內側，正前方備受威壓的宅地，主凶。

風水
凶地

1 不考慮與周圍住家或建築物關係上的和諧，獨自鶴立雞群或大費周章興建的房子，容易成為無法聚氣或破財的房子。

2 前方有高樓或山丘，倍感壓抑的房子，主凶。

3 陡斜之處，水無法聚積，易散財。

4 宅地附近有高壓電塔等有害健康的設施，或平地突起、前端尖銳的設備，主凶。

5 垃圾掩埋場或填池、填海而成的宅地，地氣無法深入，不適合居住。

02

專為個人量身打造的風水裝潢

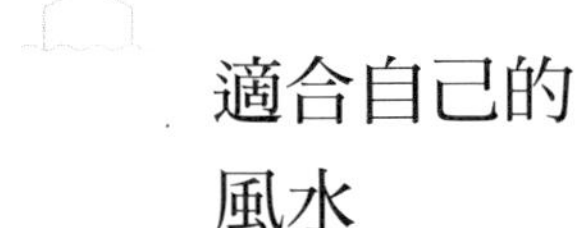

適合自己的風水

所謂的風水，有一般性、普遍性的風水法則，再深入一點，則可針對不同人提出最適合的風水。強調木、火、土、金、水五行均衡、和諧的八字學認為，一個人的出生年月日會形成個人在五行上的不均衡與偏差，能中和偏差的五行，才是最吉利的。例如，若火的氣場太強，就要靠水氣來壓制，或是靠土氣來散洩，以達到五行的均衡。

看八字，就能知道自己出生日的五行屬於木、火、土、金、水中的哪一種，然後知曉該氣的強弱，進而確定最適合自己的五行，來使八字的五行保持整體均衡。確定之後，就能利用五行的方位、建材、色彩，來進行風水裝潢，更佳完善自己的運勢。

木氣為綠、火氣為紅、土氣為黃、金氣為白、水氣為黑，因此可以使用相應色彩的壁紙或裝飾貼來彌補。或是針對五行的不同，採用木建材，或者裝置壁爐，也可以用黃土、大理石建材，或放置一個小水族箱、小噴水池等等，從裝潢上來改善也是很好的方法。

對應五行的風水裝潢表

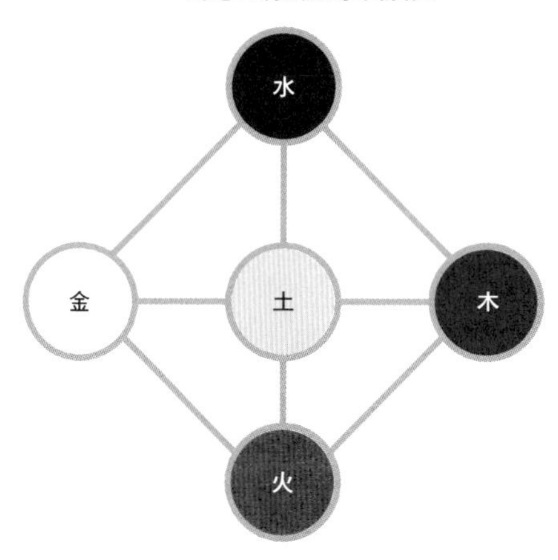

五行	木	火	土	金	水
方位	東	南	中	西	北
建材、擺設	木材	壁爐	黃土	大理石	水族箱、魚缸
自然環境	樹木茂盛的森林	陽光充足的地方	庭院或土多的宅地	岩石多的山	河川附近
顏色	藍、綠	紅、粉紅	黃	白	黑

自己該坐的座位

不管是飯局，還是坐在沙發上的時候，最好都盡量坐在好的座位上。其中必須避開的座位，是邊角尖銳部位。餐桌或一般的桌子，如果不是圓形，而是四方形，就會有四個邊角。邊角尖銳的部位帶有強烈煞氣，最好不要坐在這個位置上。

不管是正式或非正式的場合，與人見面時也有座位上的安排。一般來說，所謂上席，是指離門最遠的座位，也就是靠裡的位置。因此，上席是能最輕易，也最自然察覺他人進出情況的座位。

而會議桌上，靠裡最中間的位置，通常被視為首席。但其實靠裡的座位中，最靠近門對角線的角落座位，最能聚氣，在心理上也是視野最寬闊，最有安定感的方位。因此安排座位時，最好能考慮到這一點。

在住宅裡尋找好氣和好脈的時候，有的風水師會利用動物協助。狗、小孩，或魚在大魚缸裡移動的位置，就是聚氣的良位。貓喜歡水脈，會棲息在有水脈的地方，因此貓喜歡窩著的位置，最好避開。如果家裡有小孩，或是有養貓、狗、魚，就必須留意小孩或動物經常停留的地方。

03

提升運勢的家具
與擺飾的配置

人造屋，
屋造人

空間中有生氣在流轉，而這份生氣會影響到人的心理狀態。就像人與人之間相處，彼此的氣會交流一樣，人與空間之間，也存在氣的交流，所以才會有「人造屋、屋造人」的說法，因此空間內部的規劃很重要。但空間規劃得再好，也要注意不能因為家具或擺飾而使生氣受阻。

因為空間與家具、飾品的擺放之間，會形成良性或惡性的循環。空間的好壞，又會影響到個人生活。而個人生活又會反作用到空間之上，由此形成更糟的惡性循環，或更佳的良性循環。

大件家具所造成
的壓迫感

臥室之主是床，不管從建築的功能方面，還是出於風水的理由來看，臥室中最重要的家具都是床。但你總能在一般臥室發現一件家家戶戶都有的家具，就是位於床附近，觸及天花板的一整面大型壁櫃。從收納衣物和棉被的功能上來看，壁櫃的確非常實用。但是臥室裡的大型壁櫃，會對床造成壓迫感，情緒也會因此感到不安、不舒服，不建議如此設計。

然而，壁櫃給人的壓迫感，雖然來自觸及天花板的高度，但在視覺上，壁櫃門扇的寬度，也時常讓人喘不過氣來。壁櫃的深度沒什麼問題，但兩旁的寬幅櫃門，從視覺上就給人一種壓迫感。不過從近來臥室家具設計的趨勢來看，門扇窄的家具也偶爾可見。

雖然不知如此設計是否出於風水上的考量，反正所謂的設計，就是要看起來美觀，感覺舒服，因此從某種層面上來看，也可說與風水裝潢一脈相通。

就拿邀請我去看家宅風水的某位藝人的家來說吧，床老舊、狹小到讓人懷疑「這床還能睡嗎？」的程度。相反的，壁櫃卻大到讓人有喧賓奪主的感覺。其實這家的夫妻已經分居，雖然不能單方面只看床這一件家具就做出判斷，不過所謂的風水，在某種程度上是可以靠人為的意志與努力去改變的。因此從設法補救、打造出一個對生活更有幫助的空間這點來看，風水確實充滿了魅力。

臥室的小祕密

壁櫃門扇寬度所給予的視覺上的安定感，對臥室的氣氛具有很大的影響。走進臥室，坐在床上，觀察周圍的家具，尤其要看看壁櫃，如果感到壓迫，甚至是沉重壓抑感，臥室就可能成為一個就算走進去，也不想久待的空間。僅僅門扇寬度這個小小的差別，就能提升臥室裝潢的完美度。

在選擇床的尺寸時，必須配合房間大小。一張特大號的床，把周圍的家具都給擋住，這種結構要不得；而一張太小的床，會使整個臥室感覺空盪盪的，也不行。空間上這樣的安排，會讓人心裡感覺不舒服，也會影響待在這個空間裡的人。

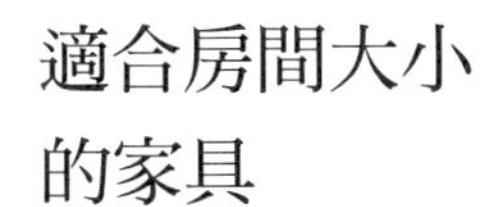

適合房間大小的家具

我曾經到某大樓住宅提供風水諮詢，房子整理得乾乾淨淨，很難相信已經搬來住了七年。房子裡看不到一點多餘的打包物品，顯得十分簡潔。女主人不喜歡有箱子或包裹堆積，平常對風水裝潢也很有興趣，所以養成了清理整頓的習慣。

如此一來，我也找不到什麼大的問題點，就穿梭在各個房間裡看了看。這一看，就發現了一個大問題。這個家的家具或物品，丟得多了，整個空間就顯得空盪盪的，給人一種這房子不像有人住的感覺。除了這個問題之外，還有一個最大的問題，就是和房子的大小比起來，家具尺寸明顯太小。

尤其是床，臥室明明很寬敞，空間大到足以設計成飯店式套房的程度，但那個家的寬敞臥室裡，卻空盪盪的只有一張像兒童床似的小床，寒酸的占據臥室一角。床的大小不僅無法盡到做為臥室之主的家具角色，也無法搭配偌大的空間，因此房間整體比例感或遠近感都很不協調。

在決定家具尺寸時，必須考慮到空間平面或體積大小。住在裡面的人可能因為住久了習慣而沒能感覺出來，不過這也是因為空間裡的均衡被打破，虛而不實的氣注入之故。

再者，最近流行壁掛式電視機，很多人因此不考慮客廳或房間的大小，一股腦選擇大尺寸電視掛在牆壁上。如果考慮到與空間之間的均衡、和諧，這點其實應該要避免。

家具如果過度向兩旁擴張，或高度過高會遮蔽視線，就應該移開。臥室、書房、子女的房間等處，如果一打開房門就看到一張大書桌之類的家具，就算不管大件家具所造成的擁擠感，也會阻斷生氣的流動，實在不宜。

特別是家具的擺放上，如果造成房門無法全開，只能勉強開一半左右，就算因為房間小而不得不如此安排，最好還是將擋門的家具搬到其他房間或空間去較好。

打開玄關，進入客廳的走道空間裡，如果有家具、物品、擺設擋路，也最好移開。尤其金屬材質這種給人鋒利感的裝飾品，最好馬上清除。尖銳、鋒利之處，容易聚煞氣，主凶。

有時候陽台或房間，會被做為堆置閒雜物品的雜物間，但如果物品毫無規範的隨意放置，不僅無法製造生氣，反而會使家裡的氣場變得汙濁。

桌子所帶來的
悠閒心靈

近來有愈來愈多人在客廳一角放上一張多用途的大桌子，妻子可以在這裡讀書、和丈夫一起喝茶，也可以放一台筆記型電腦上網，或做些其他事情。

客廳對角線方向的角落，就應該像這樣成為家人齊聚使用的空間。在一個空間裡，對角線方向的最內側角落，會讓人的心理有一種安定感。這個方位在風水上，也是能聚集愛情和金錢之氣的位置。因此不要在這個角落放置大件家具或立式空調機，最好放置觀葉植物，讓氣可以循環，或者設計成一個家人常聚的空間也很好。尤其是多用途的大桌子，對於一個千篇一律放置沙發和電視機的空間來說，會多出不少生動感。

再者，大桌子所給人的舒適和安定感，會讓人在心理多一份悠閒。

重點裝飾
與憂鬱情緒

家，是給人舒適愉快之感的重要空間。一個讓人一見鍾情、魅力十足的人，雖然能帶來衝擊，令人怦然心動，但真正要找個能攜手共度一生的姻緣時，還是表現出最輕鬆的姿態，讓對方能自在的接受。同樣的，彼此之間也要對對方最自在的模樣，絲毫不覺反感。

家這個空間也是如此。一般對客廳的概念，就是接待客人的地方，雖然可能也有些不一樣的部分，但無論如何必須是一個能給予居住者舒適感覺的空間。

然而，如果太過側重這個空間，稍有不慎就容易成為一個毫無生氣、冷冰冰沒有熱度的空間。這時最需要的，就是在這個空間的一面牆上貼裝飾貼壁紙，或是放一張落地櫃，上面擺幾件擺飾。不然也可以將一道牆面往裡推，放上裝飾品和安裝間接照明，營造出畫廊的感覺。

空間最主要的功能，就是提供舒適感。不過若能利用顏色或放幾件擺飾來聚氣，誰都可以打造出一個舒適卻不平庸的家來。而如此生動感十足的室內裝潢，不僅可創造出明亮、活力充沛的空間，還能防止憂鬱症發生。尤其是黃色或橘色系，屬於能提供活力的色彩，如果做為一面牆壁的裝飾貼壁紙的顏色，會讓這個空間顯得生氣盎然。

相反的，如果平常生活總是喜歡開小燈或點蠟燭，把家裡弄得昏昏暗暗，住在裡面的人就很難保持沉著穩定，容易變得過度多愁善感，油然而生憂鬱的感覺。沒有焦點的平淡裝潢、四處散置的過多小擺飾、贅物，以及昏暗的照明，都是造成人心憂鬱、內心黑暗的最大因素。

再者，往外可以直接看見江河、海洋的房子也不建議。水在五行中帶有整理、反省、自我省察的意思，很容易陷入憂鬱的情感中。望江觀海的情趣，偶爾在亭子裡休息時賞景，這就夠了。

萬一天氣也是陰沉沉的話，整個就會覺得很淒涼；遇到下雨天，更容易引發情緒性的傷感。況且秋冬之後，氣場裡充斥五行中的金氣和水氣，碰到這種天氣就更容易引發憂鬱傾向。人的心靈和感情很容易受到這些外部刺激的影響，因此在室內裝潢上，最重要的就是打造出一個讓居住者保持情緒穩定的空間。我們花費很多時間待在住家或辦公室裡，因此不能一直在受情緒或感情影響的空間裡生活。

絕不可擺放的物品

要特別注意，不是隨便放一些觀葉植物或擺飾，就能聚生氣、旺元氣。凡是尖尖細細，看起來很鋒利的擺飾，尤其要避免。如果那件擺飾的材質又是鐵製品，就不適合擺放在一個該是溫馨、舒適空間的住宅裡。仙人掌或葉端尖銳的盆栽，也最好不要擺放，尤其避免放在玄關處。

再者，還要注意觀葉植物的高度最好不要超過家長的身高，才不至於喧賓奪主。裝飾品或擺飾的大小如果超過眼睛的高度，會給人壓迫感，這點也必須注意。

快枯死或葉子凋落的植物，要馬上清除。如果是做為裝飾，放上一件或少量人造花，雖然不會有太大問題（事實上，不管是何種情況，最好還是不要把人造花擺在家裡），但植物好是好，卻不能因為管理麻煩，就把整個家裡都換成人造花，這樣反而會扼殺生氣，累積混氣，一點好處也沒有。

裝飾品是為空間帶來生氣的焦點，但一兩件就好，若重複放了一大堆，最後只會淪為占據空間的贅物。此外，木桌上放置玻璃墊，或是以大理石、石材之類冷冰冰的材質所製作的桌子，並不適合放在客廳。客廳是一個特別需要溫馨、和諧氣氛的溝通場所，最好使用木造的桌子。從五行的氣場來看，玻璃或大理石的金氣，和樹木的木氣相剋，盡量不要放在一起。

做為家人用餐或對話場所的餐桌上，最好避免放上玻璃之類冰冷材質的物品。

CHAPTER 2

重點裝飾的魅力

一個空間沒能好好清理整頓，雖然是個問題，但最該避免的，卻是虛而不實、平淡無奇的室內裝潢。憂鬱感比不適感更容易影響人的心靈，因此一個生動感十足的空間布置就很重要。

重點裝飾是一種明智的室內裝潢創意，扮演著為空間注入生氣的角色。可以在一道牆面或玄關門上，使用能與周圍區隔開來的色彩。也可以使用有獨特造型的照明燈具，來凸顯空間的焦點。另外，還可以將家具中的椅子或小桌子，換成不同顏色或形態，為周圍營造出迷人的氣氛。

絕不可堆積的物品

書籍不排放在書架上，反而堆積在書桌的一角，雖然堆得整整齊齊，但不只是灰塵，也會聚積濁氣，還是避免。再者，在櫃子或冰箱上方剩餘的空間堆放不使用的雜物，也會阻礙生氣的流動，因此家具上方清理乾淨才是聰明的做法。

除了書籍之外，還有一種在家裡堆了又堆，最後就成了占地方的贅物，那就是衣服。為了收納這些衣服，每個房間都得安裝壁櫃。不過最好的方法是，如果還有多餘的房間，就另外規劃一間更衣室。

也就是說，有一間房間做為專門放置衣服、鞋子、帽子之類的收納空間，而且還要按季節分開收納。棉被之類的物品也要分類整理，才能從一堆感覺雜亂無章的衣物中解脫而出。

整面的穿衣鏡盡可能安裝在更衣室裡，不管從風水上，還是使用上來說，都是最好的。

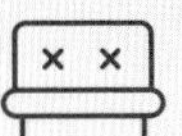

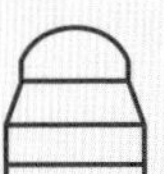

04

好運勢的位置

積聚財運的
沙發位置

一般大樓或住宅中，沙發的位置已經不是我們所能選擇的領域。因為房子興建之初，電線的配線設計就已經考慮好電視機的安放位置，而電視對面自然就是擺放沙發的位置。

不過，盡可能將沙發放在坐著能迎面看見從玄關進來的人的方位，也就是擺在能看得見玄關的位置最好。而比起正面對著玄關，擺在對角線聚氣的方位上，更能承接好運勢。

玄關的對角線，是被稱為幸運區的生氣盎然、積聚愛情運與財運的方位。這個位置不該擺放會帶來壓迫感的大件家具，而應該是家人齊聚的場所。從這點來看，最好擺放一套L型沙發，來承接好運勢。

若從心理方面來考量，玄關對角線的方位，也是一個予人安定感的位置。因此不要使用一字型沙發，最好擺放附帶凳子的沙發，或是L型長沙發。

擺放在與玄關成對角線位置的L型長沙發。
隨著季節的不同，可以以靠墊之類的擺飾來轉換氣氛。

另外也要好好觀察，坐在沙發上的時候，透過陽台落地窗所看到的外面景觀。眼前的視野，要避免受到周圍大樓住宅或其他水泥建築等巨型塊狀物的遮擋，最好是前景遼闊的地方。但如果是坐落在往外看去彷彿道路直衝家門而入的位置，而且有車輛朝著自家方向疾駛而來的感覺，那麼最好還是不要搬進這樣的房子裡。且客廳裡的沙發，也要避免擺放在會看見如此景觀的位置上。

沙發的顏色，不要採用過於華麗的色彩。過深的顏色如深黑色或深紫色，夏天會給人悶熱的感覺，而且會使得應該保持明亮的客廳變得暗沉起來，不建議選用。而像鮮紅色之類刺激性的色彩，不只容易造成眼睛疲勞，也是一種會引發家庭和睦問題的顏色，能免則免。最好選用米色或柔色調的沙發，如果已經購買了暗色系的沙發，可以放置亮色的靠墊或抱枕做為重點裝飾來補救。

如果是黑色沙發，可以將重點放在靠墊的顏色上，中和整體氣氛。

偶爾會看到有些沙發不是採用一般常見的皮製、布藝，或木造材質，而是鐵製沙發。冰冷材質會妨礙家人之間的和睦關係，不適合擺放在應該自然圍聚在一起、感覺舒適的客廳裡。

沙發的大小，也和所有的家具、擺飾一樣，必須衡量房子整體的空間，以及打算放置該件家具的房間或客廳的大小，再做選擇。若是沙發幾乎占據客廳一面牆的整個橫長，不只在空間上會顯得很擁擠，而且沒有留下多餘的縫隙，等於擋住了生氣流動的通路，不太恰當。最好擺放長度比牆面稍短的沙發為佳。

另外，近來有愈來愈多的家庭不喜歡客廳裡千篇一律沙發對面就是電視機的死板型態，轉而設計成書房型客廳，或放一張多用途的大桌子，一家人可以圍坐在大桌旁喝茶聊天，或是看書、討論。從這點來看，算是一個很好的室內設計構想。

把電腦擺放在客廳裡，
或布置成書房型客廳，
讓夫妻和家人能有更多
時間相處的設計裝潢，
有逐漸增加的趨勢。

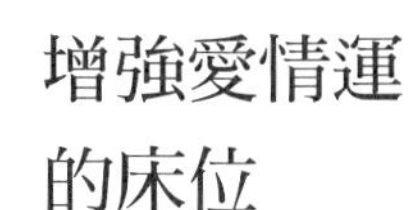

增強愛情運
的床位

與建築或室內裝潢相關的各種展覽很多，為了得到一些建築上新的腦力激盪，只要有時間，我都會盡量去參觀。在最近的一個展覽上，看到一間展示用樣品屋裡的擺設，把我嚇了一跳。動線和擺設的安排忽略建築上的基本功能是個問題，但把臥室裡的床頭朝向浴室擺放，以及從玄關就能直接看見落地窗之類，絲毫不考慮心理安定感的設計，真是讓我驚訝。一言以蔽之，這就是風水上大凶的配置。

床的位置是搬家時最讓人傷腦筋的其中一件事，不只要考慮房子外面的河川或道路走向，還要注意房子本身的朝向和臥室家具的擺設。在這裡先透露一個臥室擺設的基本小撇步，打開臥室房門走進去之後，對角線的方位是必須重視的焦點。

這個對角線的轉角處，在風水上是累積愛情和財富的位置，也能予人心理安定的感覺。因此，床的位置最好選擇房門對角線轉角處的兩面牆中，任何一面做為床頭擺放的朝向。因此，走進房間時，床就不會擠在門口附近。也就是說，最好採取從床上往對角線方向看去，就可以看到門的方式放置，盡可能面朝可看見臥室門的方向睡覺。臥室門打開時，不要直接對著床的正面，這點很重要。

特別是，萬一轉角的兩個牆面都不適合放床，可以考慮床頭朝北，不過要記住床頭不可朝西，頭部要朝東或朝南才行。

再者，不要把床緊貼著牆壁放，留一點餘地，放一個床頭櫃，和牆壁保持一定距離，床頭櫃上可以放置盆栽或檯燈，讓臥室本身的氣不至於失去均衡。不然，把床放在距離牆壁約20公分的位置，遠離牆壁或轉角所積聚下來的濁氣。就算近來施工技術發達，床還是放在離最容易受室外溫度影響的牆壁些微

夫妻的臥房，最好使用間接照明之類比其他空間稍微暗點的燈光為佳。

距離才好。

　　如果是孩子的床，最好採用架子床或雙層床。孩子處於一個被環抱的空間裡，不只舒適，還能感到安心，而且也有益於孩子對空間的感受。如果是女兒，可以為她布置一個公主床，架子床所提供的舒適感，加上粉紅色等多樣化的色彩所給予的刺激，有助於情感上的發展。

　　近來也有人喜歡稍微高一點的床，但是，過高的床很容易使臥室產生壓迫感。不管是低矮的單人床，還是特大號的床，都可能因為尺寸大小而產生擁擠感。占據空間的家具，同樣也會使空間變得讓人喘不過氣來。因此如果房間不大，就必須特別注意這點。

不放床，只鋪被褥，或為了節省空間只放一張床墊睡覺的時候，頭部的朝向和側面最好也和牆壁保持一定距離，原因也和放床的情況一樣。

而且，從臥室的門往裡面看的時候，床的靠裡側位置，最好由丈夫睡，妻子則睡在靠外側的位置。因為臥室的氣乃由門往對角線方向流動，上述睡覺的位置便是符合陰陽調和，端正臥室之氣的原則。

床以外的周邊家具盡量減少。會映照出床模樣的鏡子最好移走，利用間接照明或者能調節亮度的燈具，使燈光比其他房間稍微暗一點，如此就能打造出一間有助夫妻琴瑟調和的臥室。

提高學習運的書桌位置

我曾經在某電視台談到有關書桌位置的風水裝潢。明明是最需要認真學習的學生書桌，但這個家庭也和其他家沒兩樣，書桌同樣是放在一打開房門，就能看到孩子後腦勺和電腦螢幕的地方。

一般的擺放都是如此，從某方面來看，只有當父母不敲門就突然打開子女房門，監視子女在做什麼的時候，算是一種不錯的擺放方式，但實際上卻不是一個能讓孩子專心用功的環境。雖然父母認為，只要確實在用功，有人突然開門進來又有什麼關係。但背對房門，不知道什麼時候有人闖進來的擺放方式，在這種心理不安的情況下，怎麼可能專心讀書？

書桌的位置，應該比照總經理辦公桌的擺放方式，因此必須放在當母親打開房門時，迎面就看見孩子的臉孔和電腦螢幕的背面。孩子應該坐在房門被打開時，可以馬上知道是誰進來的位置，心理上才會有安定感。

另外，為了營造一個用功的環境，應該避免使用椅背加裝頭靠、下面裝了輪子的椅子。這種椅子屬於總經理用的辦公椅，總經理坐在這種椅子上，不是想把身子往後靠，一面讓頭輕鬆休息，一面處理公司業務，而是為了思考公司整體的規劃和方向。CEO在海外出差時，通常喜歡搭乘能讓身心放鬆的商務艙或頭等艙，也是其來有自，因為只有處於放鬆的狀態下，才能思考種種的想法和難題，為公司做出整體規畫。

但是學生最該做的是專心用功，因此有頭靠以及加裝輪子這種缺乏安定感的椅子，反而成了一種妨礙。另外，在椅子下面鋪上地墊，提高穩定感，也能營造出讓孩子埋首用功的良好環境。

為了讓孩子用功學習，書桌的位置應比照總經理辦公桌的擺放方式。不要背對房門，而是要正對，才能有安定感，專心在課業上。

05

以擺飾
激發運勢

觀葉植物
過猶不及

有些人認為觀葉植物有益風水，就把大型盆栽擺滿家中各個角落，或像布置庭園一樣，在家裡擺放過多的植物，這其實並不好。觀葉植物形同為空間注入生氣的重點裝飾，但製造此種生氣的重點，卻不是靠死板的一字排開，或隨便散放在幾個地方，就能生效。

裝飾貼壁紙的情況，也是只在牆壁的一面或兩面上，貼出個人風格，才能凸顯出重點。如果所有牆面，甚至是天花板都如出一轍，那就喪失了裝飾貼壁紙的功能，一不小心就成了亂貼一通，家中氣場反而變得更散漫。

因此用觀葉植物裝飾環境，切忌貪心。那麼，放在家裡或辦公室裡的花花草草或盆栽之類的植物，該放多少數量，室內空氣才會變得清新呢？根據我搜集的資料顯示，植物占室內空間體積的2%（面積的5%）時，淨化空氣的作用最好。這是每3坪中，放置一盆包含花盆在內總共1公尺高的植物的比例。

還有，盆栽高度超過男主人或一家之主的身高，容易喧賓奪主。植物奪走家中之氣，不是好事，因此最好改放較低矮的植物，或裁剪枝椏，降低高度。

觀葉植物的高度若超過一家之主的身高，會產生壓迫感，造成家中氣場變得混濁。

擺飾的重心
在鏡子

觀察近來所興建的大樓住宅玄關，千篇一律都在鞋櫃門扇上安裝整面的鏡子，而且常常是每片門扇上都裝。有的鏡子能清楚照映出所有的一切，也有的只能模糊看到一個大致的形體，類似黑鏡的鏡子。但是玄關裡有鏡子，會把經過玄關進來的生氣，弄得散漫錯亂，其實不太理想。有一次，我到朋友家裡幫忙看風水。門一打開，一個映照出我全身模樣的穿衣鏡，就突兀的出現在面前，我當場讓朋友移放到更衣室裡去。玄關是生氣入戶之處，玄關裡正對門口的鏡子，會讓生氣無法進入家中，反而把氣往外送，十分不好。相同的，走進玄關，位於左邊或右邊的整面鏡，也會擾亂生氣，兩者都不建議。而一般都會在入戶玄關左右兩側的整排鞋櫃門扇上安裝鏡子，那種散漫感，已經到了如同遊樂園「鏡屋」的程度。

除了浴室和更衣室之外，其他地方最好不要放置大型穿衣鏡。如果目前住宅玄關的鞋櫃門扇已安裝了整面鏡子，那最好到附近大賣場裡買大張的平板紙，把左邊或右邊的一整面全都遮蓋住，剩下的另一邊也只留下能看到臉或上半身的中間部分，其餘上下端的部分也貼上平板紙，這樣不需要花費太多費用，就能達到改善的效果。如果連這樣也做不到，那就只好放上能遮住鏡子的觀葉植物，做為臨時的應急之道。

往玄關進去時，左邊的小鏡子可以發財，右邊的小鏡子可以升官。但也不能因此就心生貪念，既想發財，又想升官，或是想要一次看清自己的正面與背影，便在兩側都掛上鏡子，氣場反而會因此變得散漫，弄巧成拙。

近來的大樓住宅，很多都在玄關鞋櫃上安裝整面鏡子。太大的鏡子會奪人生氣，應該要利用盆栽或畫作，遮蓋掉一半左右才好。不然，貼上平板紙，遮蓋掉一部分也行。

風水中的左青龍、右白虎，可以看成是由屋內往玄關望去時的方位。因此，從屋裡看向玄關時，左邊是左青龍，右邊便是右白虎。青龍意為名譽，指升官運；白虎代表財富，指財運，正好與由外向內進來時的方位相反。

而臥室裡照映出床的鏡子，會挑動春心，最好拆掉或移除。如果衛浴裡的鏡子會照到床，也最好換個位置。同時，客廳裡的大鏡子會分散注意力，成為妨礙家人和睦的誘因。

很多臥室都採用套房的格局，有床，也有衛浴。因此要注意，不要讓衛浴裡的鏡子照見床。

給空間帶來
生動感的相框

不必大費周章的施工，小小的擺飾也能給空間帶來生氣和生動感，尤其是相框裡的相片或畫作，對於家這個應該要讓人心平氣和、心靈安樂的空間來說，會發揮驚人魔力。

德國建築師密斯·凡德羅也將繪畫與雕刻，視為建築裡最能為空間帶來變化的重要因素。就風水而言，也以掛上風景畫或全家福照片來為空間注入生動感，維持生氣的流動。透過色

彩繽紛的照片，讓家這個一天大部分時間都空無一人，多少變得陰森潮濕的空間，帶來一些陽氣。花的照片最好，風景畫或全家福照片可以掛在坐在沙發上就能輕易看見的位置，或是走進玄關時，一眼就能望見的地方。

比起抽象畫或帶有幾何圖形的畫作，看起來舒服，不會牢牢吸引眼球的風景畫較佳，或者掛全家福照片也不錯。類似挪威畫家孟克（Edvard Munch, 1863～1944）的代表作「吶喊」（*The Scream*）之類的畫作就不適合。相框也等同於小擺飾，如果在家裡掛上太多相框或畫作，布置得像美術館似的，有礙生氣流動，反而不好。

再者，並非一定要掛相框、畫作才行，透過窗戶看出去的室外風景，同樣能成為一幅美麗的畫作。因此要選擇不管是坐在沙發上、坐在餐桌邊吃飯，或在書房、書桌旁看書時，抬起頭望向窗外，不會感到壓抑，也不會看見周圍建築的轉角或尖細部位，不會給心理帶來拘束感的地方。

因此打算買房去看屋的時候，要像自己就住在這裡似的，在沙發、地上或坐或站，行進之間把每一扇窗戶裡所看見的風景，都視為一幅幅畫框裡的畫。經由如此的過程，做出最佳選擇之後，這個家才能成為一個親近大自然的空間，可以欣賞夕陽，偶爾細雨飄，湖光山色，樹葉換裝的四季變化。如此一來，就完全不需要風景畫之類的擺飾了。

有著如畫景觀的客廳

在家這個空間裡，擁有最大一扇窗的地方是客廳。透過窗戶所看見的室外風光，就像一幅畫一般，成了裝點客廳的一項要素。因此有必要仔細觀察窗外景色，來為自己選擇最好的家。

客廳的窗戶，可視為一幅畫，也可以掛上一串聲音清脆的風鈴做為裝飾。如果外面的風光很可惜的一點也不美，可以加裝百葉窗，不但很實用，也可以活用色彩亮麗的木製活動遮板，是最近室內裝潢最鮮明的趨勢。

勃勃生氣的聲音，風鈴

風鈴的造型，就像一口小小的鐘，中間垂墜，墜下掛一個小鐵片，隨風晃動，發出清脆的聲音，在濁氣裡注入生氣，空間也因此變得豐富起來。聲音可以打破空間裡停滯、混濁的氣場，達到中和濁氣的效果。

其實不只是商店，一般住家中也可以在玄關裡掛上風鈴，大門打開或關上時，聲音就會響起，對玄關這個必須聚集生氣的空間來說，更加重要。

子女房門上如果掛上風鈴，清脆風鈴聲也有提神醒腦的效果。朝鮮時代與實學大儒退溪（李滉，1502～1571）號稱「雙璧」的性理學大學者曹植（1501～1572），常在腰際掛上金鐸（金屬做的鈴鐺），以提醒自己專注於學問上。平時也會在自己的衣服飄帶上繫兩個小銅鈴，名之為「惺惺子」。「惺」乃清醒之意，曹植此舉是為了要聽見金鐸碰撞所發出的聲音，警惕自己隨時保持清醒。

最近有很多大樓住宅或一般住宅的室內設計，把鄉下房子裡那種坐在沙發上，透過陽台就可以看見室外風景的位置裡側掛上一串風鈴，風一吹，風鈴就會晃動的景觀，原封不動的搬了過來。

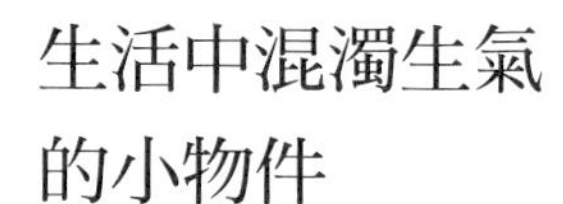

生活中混濁生氣的小物件

骨董、壽石、古老家具等物品，一不小心就容易使空間裡的生氣變得陰濕、混濁。因此最好還是先清理乾淨，除掉陳腐舊氣之後，再置放於明亮的場所。

鑽牆、打洞的情況多，牆面出現凹陷或孔洞，會妨礙氣的循環，因此最好避免在牆上釘很多釘子，掛一堆畫框、相框，或對打了洞、鑽了孔的牆面置之不理。

家電產品因為會發出電磁波，干擾家中可讓人舒適休息的氣場，導致就寢時難以沉睡。因此臥室或書房裡，盡量不要放置家電產品，尤其睡覺的時候，不要把音響之類的電子產品擺在床頭方位。

電腦的電磁波也會干擾身體的規律性，因此不建議在房間裡的床和書桌上都放置電腦。

而廚房裡所使用的家電產品，冰箱屬水，微波爐屬火，彼此相沖。因此如果相鄰擺放，會造成五行上的相剋，對氣的流動十分不好。

窗簾或百葉窗如果使用得當，能保持整個家裡氣不外流，擔當起聚氣的角色。例如，打開玄關門，迎面就是一整扇落地窗，從玄關進來的生氣就無法聚集，隨即外流而出，主凶。這時，如果拉上窗簾或百葉窗，就能彌補這個缺點。

臥室中的照明，應該稍微昏暗，充滿幽雅的氣氛，這在營造一個充滿愛意的空間時，是絕對需要的。客廳的照明除了呈現一個明亮的空間，以便家人團聚、對話聊天的角色之外，還具有室內設計上切割光區，營造另類空間的意義。

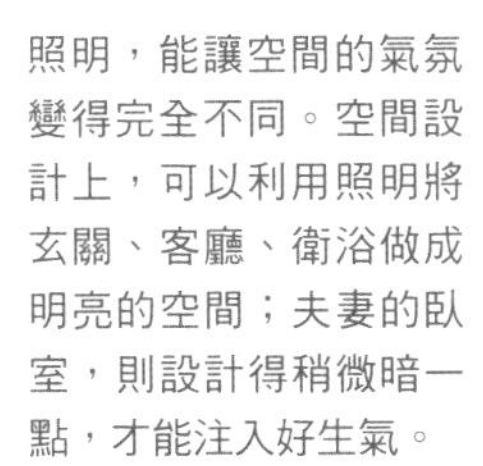

照明，能讓空間的氣氛變得完全不同。空間設計上，可以利用照明將玄關、客廳、衛浴做成明亮的空間；夫妻的臥室，則設計得稍微暗一點，才能注入好生氣。

風水與命運 2

見面約會時帶來好結果的風水

與人見面的場所，也有風水的概念。當腦海中浮現對方身影時，不只長相、服裝、聲音、語氣、姿態而已，連和對方見面的場所也會一併儲存下來，成為對這個人的完整印象。因此，見面的場所非常重要。

大部分人都喜歡約在咖啡館見面，那麼有幾個位置最好避開。首先，最糟糕的當屬鄰近化妝室的座位。化妝室進進出出的人會分散注意力，難以集中在對話上。若坐在正對化妝室門附近的座位，化妝室門開關之際所看見的內部，不可能讓人愉快。從裡頭外洩而出的臭味，也會讓人不悅。

若坐在二樓，正對往一樓樓梯的座位，客人上下走動頻繁，顯得很雜亂。而且這個位置正對從大門與一樓而來無法循環的氣，不僅不好，心理也會感到不安。再來是從一樓出入口往裡，呈一直線方向，一眼就能看得見的座位，會迎面對上由道路而來、尚未淨化的煞氣，主凶。盡量坐在門的對角線方向靠裡的座位，不僅能給人安定和舒適感，也較容易專注在對方身上，屬大吉位置。若坐在二樓，由樓梯上去眼前所見空間的對角線靠裡側附近，位置最好。

此外，還要避開回收檯周圍的座位。還有強硬之氣直衝而下的柱子旁邊座位，也最好避免。很多柱子都是興建大樓時用來支撐整棟大樓的承重柱，因此更要小心。

如果坐在隨時能看見門和櫃檯，前面不會受到遮擋的座位，與人見面約會時，必然能帶來好的結果。

CHAPTER 3

以風水裝潢改變自己的命運

變化一下家具的擺放位置和床位，
就得以讓人的一生順遂嗎？就如同人與人之間存在默契一樣，
人與空間之間也有氣場的交流。
打造出一個生氣盎然的空間，就能讓生活和命運朝著積極的方向發展，
這就是風水裝潢的使命。

CHAPTER 3

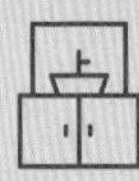

01

從玄關到臥室，引入好運勢

住家的第一印象，玄關

玄關是由外入內，對這個家的第一印象，也是生氣入戶的地方。正如對人的第一印象，會由眉毛、眼睛、鼻子所形成的逆三角形所左右，對一個家的第一印象，就由玄關來決定。命相學中，雙眉之間的命宮，乃承接好運勢的位置，必須乾淨、明亮。同樣的，玄關也是承接生氣首當其衝的空間，必須乾淨、明亮，好運勢是不可能穿過一個昏暗、骯髒的玄關進到家裡來的。

玄關在人類實際居住的陽宅風水上來說，是最重要的三項要素之一。這三項要素指的是，大門（大樓住宅裡的玄關）、主屋、灶位（廚房），稱為「陽宅三要」。

從建築上來看，住家玄關或建築物的大門，會形成這個家或這棟建築給人的印象和形象。因此玄關和大門，必須是所有空間中最明亮、最乾淨，引人矚目且充滿魅力的空間。

玄關是迎接客人的空間，因此裝潢成一個可以舒適坐著脫鞋的地方，也是很好的設計。

玄關要盡可能整理乾淨，給人整齊清潔的印象。尤其是鞋子，稍微不注意，就會影響到玄關整體的清潔，必須多加用心。

首先，玄關入口的瓷磚如果髒亂不堪，是不行的。不用的雜物或雨傘、高爾夫球袋之類的物品，也最好不要放置在此。家裡若有小孩，時常會把娃娃車或自行車放在這裡，最好還是移到別的地方放置。大門或玄關前面，也不要擺放垃圾袋，或會散發臭味的東西。玄關通常做為穿脫鞋子之處，但不好好收納，太多鞋子隨意散置在地的情況，也很不好。

同類物品重複、規律性的陳列在一起，會因為其本身的鬆散和生氣渙散，而無法打造出安定的空間。因此要避免在牆上掛太多相（畫）框，或裝飾太多小玩藝兒。玄關的鞋子也一樣，除了常穿的鞋子之外，盡可能全都收納到鞋櫃裡，這點十分重要。

住宅大門如果正對著玄關，外面的氣就無法迂迴循環，而會直衝入內，主凶。無論如何，首先一定要避開單方面直接衝入的煞氣，所以很少有大門到玄關的路徑是呈一直線的。

進入玄關
迎面可見之物

一打開玄關門，如果迎面就看到陽台或落地窗，財氣會直接外流，無法聚集，不是很好的格局。這是二十一世紀初期長廊式的大樓住宅、商務套房、小套房中常見的房屋格局。若是碰到這種格局，可以在通往客廳的通道中間放上觀葉植物，阻擋生氣外流。

如果玄關的空間足夠，可以加裝一道中門，或在玄關前立一道假牆，改變入室方向，也是一種方法。看得見陽台的地方，也可以立一道假牆，或掛上一道簾子，那麼經由玄關入內的好運氣，才不會馬上流失，而能積聚下來。同樣，如果一打開玄關門就看見浴室，或者浴室門開著，直接看見沖水馬桶，再加上馬桶又是蓋子掀開的情況，等同於水口大開，便會發生無法聚財、金錢外流，或常有需要用錢的事情發生。再者，馬桶蓋子掀開的情況，大小便之後沖水時，水流旋轉而下的同時，馬桶裡的微生物可能會隨氣旋傳播而出。

因此，不管是基於風水或是衛生的理由，建議大小便之後沖水時，一定要蓋上馬桶的蓋子。在一個以風水裝潢為主題的節目中，一位與我一起出場的藝人，過去住過一間半地下房子的格局，真的就是玄關門一打開就能瞧見浴室裡的馬桶。如果坐在馬桶上，浴室門又開著，直接就能看見玄關。他說，當他

這是一般大樓住宅打開玄關門就看見陽台落地窗的格局。可以靠加裝中門、假牆、簾子等來解決這類格局的問題。

也可以在空間上變更玄關格局，使得打開玄關門進入室內的時候，不會直接看見陽台落地窗。

住在那裡的期間，雖然很認真工作，但總是會發生許多要用錢的事情，讓他錢存不下來，最後甚至連房子的押金都飛了，不得不搬出來。從風水上來說確實是如此。而從心理上來說，坐在馬桶上，如果打開門就會看見玄關的話，心理上也會感覺不安，成了一個無法履行衛浴功能的空間。

激發玄關運勢的七個關鍵

玄關這個位置，若比照面相來看，就是雙眉之間承接好運勢的命宮；對比身體的話，則相當於嘴，是食物進入，維持健康生活根本的空間。生氣會經由玄關這個主要的出入口進入室內，因此非常重要。為了讓好運從玄關進來，下面七個關鍵值得重視。

激發玄關運勢的七個關鍵

1 · 明亮
藉由採光和照明維持明亮的空間。

2 · 乾淨
做好清理整頓的乾淨空間。

3 · 範圍
與住宅規模相稱，大小適中的玄關或中門。

4 · 通風
通風良好，維持室內空氣循環。

5 · 植物&鏡子
觀葉植物（盆栽）和小鏡子。

6 · 第一印象
擺上住戶喜愛的小擺設或裝飾品，來決定房子給人的第一印象。

7 · 鞋子
只留最少數量的鞋子在外，其餘全部收納好。

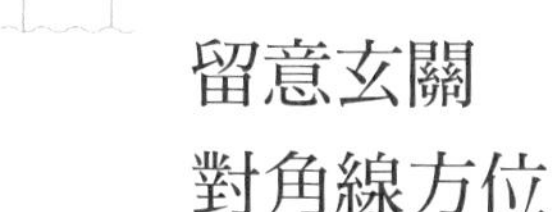

留意玄關
對角線方位

玄關或房門對角線的方位，必須留意。此對角線的方位乃聚氣所在，不僅是愛情運與財運聚積的位置，也是一個在心理上給人安定感的空間。因此一般有可能會放在玄關對角線方位的大型空調或壁櫃等家具，最好移開，改為放置桌子或沙發等人可坐著、躺下的家具較好。

再者，站在玄關往裡看，家裡對角線方向的空間，即45度角看過去的地方，就是家中聚氣所在，如果把這個空間規劃成主臥室，可提升財運。同時臥室照明要稍微朦朧，不僅愛情萌芽，財運也滾滾而來。因為財就是要在相當於「陰」的暗處，才能生出來。

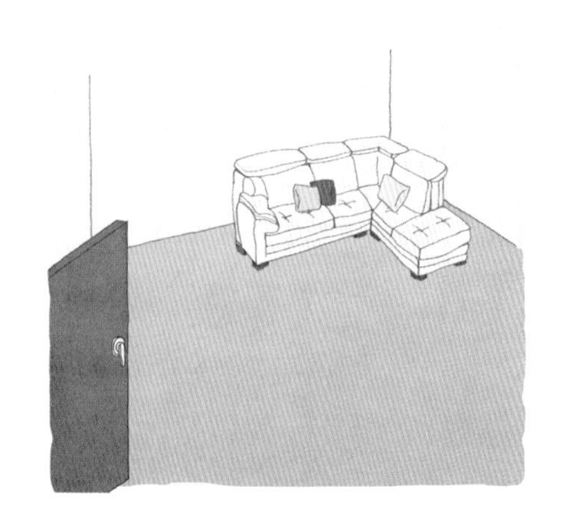

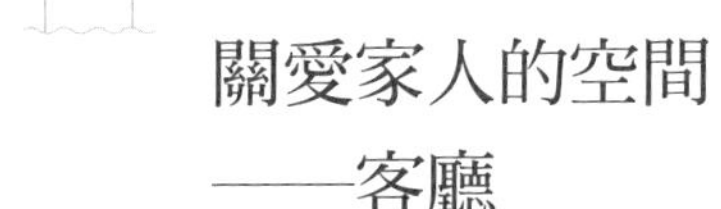

關愛家人的空間
——客廳

客廳是經由玄關進來的好生氣與家裡內部氣場交會的空間，提供了家人自在溝通、對話的場所，也可說是一個負擔著家庭和睦與幸福責任的地方。因此，如果客廳這個空間讓人無法放鬆、不夠舒適，覺得不想久待，那就成了一個經由玄關，走向各房間或浴室、廚房的通道罷了。

客廳，首先必須是一個能自然而然接受家人展現出最自在身姿的舒適空間。但除了是家人的休憩空間之外，客廳有時也扮演著款待賓客的接待室角色，因此基本上就必須以沙發和茶

几為中心，而擺放位置，就得同時考慮玄關對角線方位和窗戶的所在。

客廳的照明不能太暗，要明亮一些，沙發選擇玄關門的對角線方向，放在迎面對著家人或賓客進門的方位上。還有一點很重要，沙發擺放的位置不要背對著窗戶。

有幼童的家裡，客廳時常會成為孩子的遊戲場，這也是不得不接受的。但至少要在地板鋪上軟墊，從平面上限定遊戲區域，讓孩子只能把玩具放在那個區域裡玩，才不至於影響客廳的基本功能。

再者，可以在客廳裡放一張大桌子，讓一家人自然而然的聚在一起。丈夫可以處理未完的工作，妻子可以照看孩子的功課，這也是近來客廳的設計上一種流行的裝潢方式。

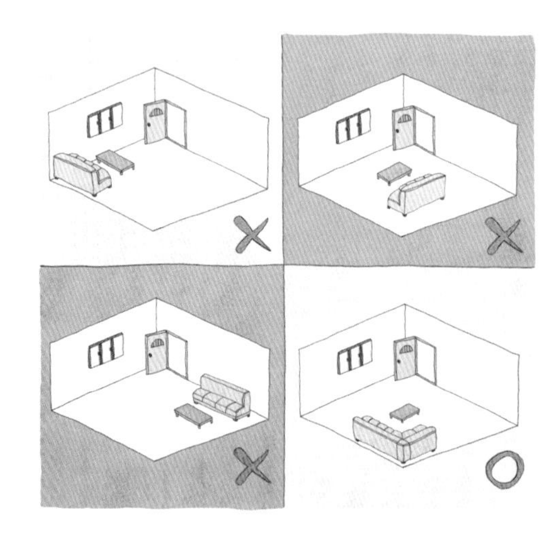

客廳沙發的擺放位置。

做為孩子的遊戲空間，在不失去客廳本身的功能之下，最好以書架、軟墊分割區域。

全家共聚一堂
的客廳

現代人重視私人空間，一家人在「家」這個空間裡共處的時間愈來愈少。這是因為原本一家人可以自在相聚的舒適空間——客廳，已經失去了本身的功能。如今，客廳應該從接待賓客的空間，轉化為全家團聚的空間才對。為此，最有效率的裝潢創意，就是活用大桌。這在近來的客廳設計中被視為最重要的元素，而且還能將客廳布置得像書房，讓一家人共享天倫之樂。

五感滿足，強化愛情運的主臥室

主臥室是愛情萌芽的空間，因此對照家裡最明亮的玄關，主臥室要稍微昏暗一些才好。略為昏暗的地方，才能成為一個聚情、聚財的空間。

再者，根據英國癌症研究中心的研究結果顯示，若在燈光足以清楚辨識整個房間的臥室裡就寢，體重過重或肥胖的可能性會變大。臥室明暗度會影響到體重的理由，在於燈光會擾亂我們體內調節白天與黑夜代謝作用的生理時鐘。

臥室中，床是最重要的，床頭最好朝著與房門呈對角線方向的地方放置。這個方位不僅可以輕易發現有人進來，而且還能保有最寬闊的視野，給心裡帶來安定感。

如果臥室門一打開直接正對著床頭，尚未淨化的煞氣就會長驅直入，朝著床頭撲去，主凶。

床頭最好朝東或朝南，盡可能不要朝向玄關或浴室，這點很重要。同時床不要貼牆放置，最好和牆壁之間放一張小几或床頭櫃隔開。因為濁氣會聚積在角落和牆邊，而且外面的冷空氣和房裡的暖空氣相遇，彼此互沖，會使得氣場變得很不安穩。因此，在緊貼牆壁的床上睡覺，或者床頭靠牆，都不利健康。

另外，如果使用能調節亮度的照明裝置，有益主臥室的氣場，是引進愛情運和財運的重要關鍵。窗簾在阻擋外部空氣流入時，具有媒介的作用，還能遮蔽陽光。尤其臥室是睡覺的空間，光線最好能完全被遮蔽掉。如果因為工作的關係，讓睡眠晝夜不分的話，最好選擇全遮光窗簾，睡覺的時候讓臥室成為一個伸手不見五指的黑暗空間，對健康也有好處。

活用全遮光窗簾、百葉窗等，不僅臥室能達到讓人沉睡的目的，同時也能讓夫妻之間的氣氛更加溫馨。

鼻子，是整張臉的重點，扮演著掌握整體均衡的角色。同樣的，主臥室也應該立於掌控整個家運勢的位置上。主臥室是夫妻共臥之處，但往往有很多父母因為孩子的房間不夠大，就讓出主臥室，改成孩子的房間。這不符合一家之主該使用最大臥房的道理，不僅可能就此無法承擔起一家之主的責任，也可能使得家裡內外諸事不順。

基本上，主臥室的門不要開在從玄關就能直接看見的地方。但萬一家中格局已是如此，可以加設一道假牆或中門，做為補救。

再者，為了成為愛情萌發的空間，最重要的是將臥室布置成能激發五感，使五感更為敏銳的空間。主臥室在視覺上稍微昏暗些較好，不要擺放尖銳鋒利的裝飾品，最好使用有溫馨感的顏色。

在主臥室門旁邊安裝能告知室內空氣狀況的一氧化碳警報器也不錯。

另外，如果可以，主臥室的牆面最好善用留白之美，揚棄使用紋樣太過複雜的壁紙，或陳列太多裝飾品。海外旅遊所買回來的當地人偶或雕塑之類的物品，可能帶有與周圍格格不入的氣，稍有不慎就會因此打亂主臥室的氣場，最好移到書房或客廳放置。

壁面裝飾頂多掛上大小適中、帶有「永恆不變」之意的圓形或八角形時鐘，或者風景畫，一件就夠了。人像或抽象之類的畫作，盡量避免。

床罩、窗簾或百葉窗，最好不要全部採用華麗的樣式。床罩、窗簾或百葉窗，如果一件是有花紋的，那麼另一件最好挑選素面樣式，不僅可以減少視覺的紊亂或眼睛的疲勞，同時也提供具有衝擊性的生氣，有助陰陽調和。

再者，可以使用室內薰香器，讓空間散發淡淡的香氣，營造出一個嗅覺舒適、溫柔的空間。主臥室門附近或窗戶邊，可以擺放一盆不開花的蘭草，讓臥室裡的氣場更加鮮活。

同時，臥室裡也可以擺放手感溫暖的布藝材質或木製為主的家具，提供溫馨感觸的空間感。但不建議在臥室內使用鐵製家具。

很多年輕夫妻都喜歡把臥室設計成飯店風格，在臥室裡安裝壁掛式電視機。但這樣不僅會因為電磁波而妨礙睡眠，也有礙夫妻之間的深層對話，不利琴瑟之好。

臥室最重要的，是別讓外部的濁氣進來，因此不建議將外出服隨便掛在睡覺的空間裡。一定要養成外出回來，就把衣服收到衣櫃裡去的習慣。

另外，有些臥室會因為裝潢太過單調，整體上感受不到溫馨舒適的和睦氣氛，最該避免的就是變成這種臥室，因此要格外注意。

溫馨舒眠的臥室

光線的不同，會大大改變空間的氣氛。這種由光線所營造出來的視覺效果，連同布藝的視覺、觸覺、材質、顏色在內，都被視為臥室設計上的重要因素。

尤其是夫妻的臥房，最好稍微暗一點，可以活用局部照明的方式。再者，自然光會透過窗戶投射進來，若善於使用窗簾遮蔽，就能營造出一個溫馨舒眠的空間。臥室的窗簾拉軌左右要有重疊的部分，最好能完全遮蔽掉陽光。而在床擺放位置的部分地面，可以鋪上木地板，區隔出一個更加安逸的空間。

書房，這點一定要遵守

風水裝潢並不是萬能，想要有好成績，還是得靠自己認真讀書。而其中不可或缺的，就是考慮到個人喜好，提供一個可以專心用功，也想好好學習的最佳空間。

讓孩子用功學習的書房，如果採用可以加強水木之氣的色彩、材質的家具，就能提高學習的專注力。因此壁紙最好選用有沉穩感的藍色、綠色，或者稍微夾雜一點黑白色，不要使用凸顯花紋或太過華麗的樣式。家具的材質，則可選擇一般常用的木製家具，但要避免使用帶有與木相剋的金氣，也就是金屬材質的書桌，或上面鋪了玻璃墊的書桌。色彩華麗，或帶有花飾的書桌，容易擾亂孩子的心。火色系，如粉紅、紅色、鮮紅色，充滿活潑動力，引人胡思亂想，因此最好不要做為書房的主色調。除了這類普遍性的風水理論之外，同時也要考慮孩子學習時的個人喜好。書桌擺放的位置最好比照大企業總經理辦公桌的位置，坐在書桌後面，45度角就能看見房門的地方。臥室與書房能各自獨立最好，但一般都很難，因此盡可能讓孩子坐在書桌前的時候，不會因為旁邊的書架或床而產生壓迫感，所以最好不要擺放過大的書架或衣櫃。而擺放家具時，最重要的還是應該考慮到孩子的個人喜好，提供一個整潔的環境。

萬物復甦，太陽升起方位的氣，也就是木氣，與近來孩

孩子的房間，最好以藍色調或綠色調來裝潢，以提升孩子的專注力。如果過於強調沉穩感，一不小心就會布置成一個虛而不實的空間，因此，可以使用中間色調和少許的紋樣，做為重點裝飾。

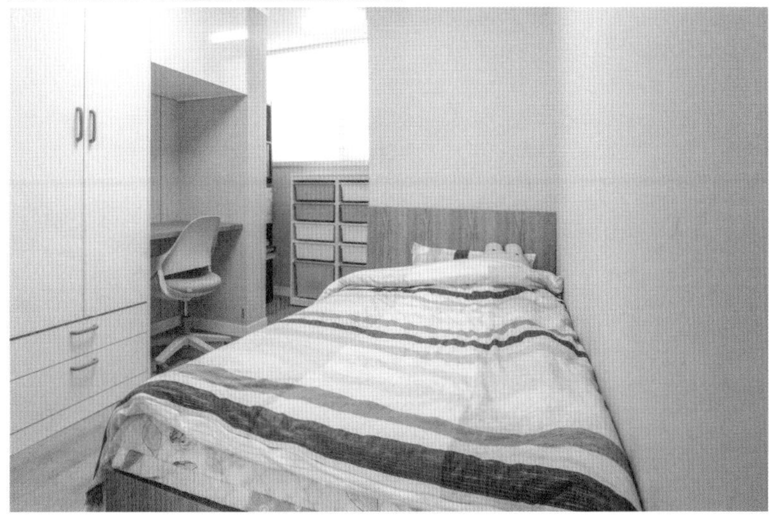

子沉迷的電玩或電腦，也就是金氣相剋。電玩或電腦之類的東西，愈沉迷，就會在那上面花掉愈多時間，也愈無心用功。這雖是理所當然的道理，但也符合五行上金屬做的斧頭會砍樹的理論，絕對會大大妨礙到孩子的學習氣場。

相生空間，
財運和健康運的廚房

廚房，是主婦消磨最多時間的空間，因此最好是主婦在廚房做事的同時，也能關照其他家人的動靜。廚房是負擔起家人健康這個重責大任的場所，也是主婦和家人，或者家庭成員彼此之間溝通的地方，因此廚房在風水上是一個不可輕忽的空間。

為了防止食物因自然光的熱度而變質，廚房的位置最好不要在南邊或西邊。同時從衛生的觀點來看，也盡可能不要鄰近浴室。如果玄關門一打開就看見廚房，外部濁氣直衝調理食物的空間，也不好。

過去廚房是主婦專屬的單獨空間，也是一個封閉的空間。但現在逐漸走向開放空間的設計趨勢，風水也該與時俱進，反映時代潮流的同時，也做出相應的改變。因此，廚房必須成為一個不相剋、不相沖，反而能相生的空間，其重要性在一家人交流的層面上來看，具有不同凡響的意義。

近來廚房被視為一家人交流的場所，大多設計為開放空間。有的還會另外規劃出擺放電腦的位置，讓一家人能和諧相處。

再者，廚房是與食物有密切關係的空間，負責家人健康的同時，在風水上也與財運有很大關係。廚房裡水火共存，很容易打破陰陽協調。冰箱、流理檯屬於水氣，瓦斯爐、烤箱、電磁爐等屬於火氣，彼此相沖。水能滅火，也就成了相剋氣場。

為了將此相沖的氣場，轉化為相生的空間，如果廚房夠大，盡可能讓屬於水氣的冰箱和屬於火氣的瓦斯爐擺放位置相距愈遠愈好。若是無法做到這點，那麼最好在兩者之間放置小盆觀葉植物，水能生木，木能生火，一個相生的空間就此誕生。火要燃燒，就需要木；木要成長，就需要水，因此組成了一個相生的架構。近來除了瓦斯爐之外，將烤箱或電磁爐收進木製收納櫃裡的情況很多，如果能以這種方式來緩衝，也就不一定需要用上觀葉植物居中補救了。

另外，廚房裡有許多鍋碗瓢盆、湯匙、筷子、菜刀、廚房剪刀之類的用具，尖銳、鋒利的危險物品很多，因此與其放在外面顯眼處，不如收納起來較佳。碗盤也最好在乾了之後隨即收入碗櫥中放好，不要隨意散置在外面。

在餐桌的選擇上，與有邊角的四方桌相較，不如擺放能促進家人和諧的圓桌更好。廚房空間如果不大，使用吧檯式餐桌也是一個辦法。不過一般吧檯式餐桌通常會為了狹小廚房的收納，下方設計成收納櫃，因此坐在餐桌旁的時候，膝蓋就無法伸入桌子下，只能張開雙腿坐著，多少不太方便，因此需要確認裡側是否還設計了其他用途的櫃子。另外，狹小廚房裡，也可以使用折疊式餐桌，提升空間的靈活運用。

同時，玻璃或大理石材質的餐桌，帶有很強的寒質陰氣，難以給人溫暖的感覺。因此，如果使用玻璃或大理石材質的餐桌，最好在下面鋪上地墊，可以降低冰冷的陰氣。

骯髒擁擠的冰箱

一般人家的冰箱門上，總是雜亂的黏貼著開瓶器、各種廣告傳單或便利貼等等。小東西或紙類繁多容易打亂空間的氣場，因此最好能收進眼睛看不見的地方，好好整理。

電影「初戀築夢101」裡，男主角和祖母同住的那個家裡的冰箱，真的很嚇人。一打開冰箱，用黑色塑膠袋包裹的食物就滾落而出，且裡面亂七八糟，擠得滿滿都是食物。

從男主角家冰箱雜亂無章的模樣，就能看出他們的經濟狀況、生活型態，以及家庭意識。也可以說「冰箱模樣」如此，「家境」也好不到哪裡去，兩者之間形成了一種惡性循環。空間與人，彼此的氣場就是以這種方式交互影響。

面相學上，太瘦的人通常很窮，但只要稍微賺了一點錢，經濟狀況變好，人也會跟著變胖。人胖了，財運又會變得亨通，於是就產生了一種良性循環結構。空間與人之間，也同樣存在你好我也好的良性循環，或是你壞我跟著壞的惡性循環。

不管是良性循環還是惡性循環，總存在慣性法則。因此，如果是良性循環，就繼續維持；如果出現惡性循環，就該盡快改善。只要能在空間裡從小處做起，一件一件改善，養成習慣之後，也就不是什麼做不到的事情了。

冰箱的外型設計，也從過去千篇一律的白色，逐漸變得五彩繽紛，很多新商品都在門面加入花紋設計。但不管怎樣，還是選擇簡單大方的冰箱，不會造成眼睛疲勞的色彩較佳。同時，還要考慮到與廚房中如流理檯等周邊家具之間的整體協調，避免一枝獨秀的情況出現。在風水上，不管是住家、大樓，甚至是家具之間，最重要的都是講究與周圍的協調和均衡。

充滿陽氣的浴室

浴室是可激發健康、愛情與丈夫好運氣的空間。這個空間通常都是冰冷、潮濕，最容易造成氣滯的地方，因此要盡可能通風良好，保持乾燥。同時要如家中玄關一般，光線充足，才能維持陽氣循環。

如此一來，在通風和除濕方面，就必須多加用心，也可以在裡面擺上小花盆或花卉畫作。因此，除了想泡澡，或是對應停水預先儲水的情況之外，浴缸裡不要有備用儲水。

相較於過去，浴室不僅更乾淨衛生，也成了比過去更安穩的空間。這些雖然都是事實，但無論如何，還是一個以水為主的空間，因此很容易變得潮濕、骯髒。性質如此的浴室，如果配置在鄰近玄關的地方，就等於外面好運氣一進來，就得先經過浴室這個骯髒的濾網，才能進入客廳。

再者，如果把浴室規劃在房子聚氣所在的中心位置，就像臉中央有個髒鼻子，給人的第一印象就不好，也可能造成房子整體的氣場都變得混濁。因此浴室的位置最好不要靠近玄關，也不要位於中央。如果一進入玄關就看見浴室，很容易造成再怎麼認真工作，也總有要用錢的事情發生，金錢外流，難以聚財。

近來的室內裝潢，在浴室的地板加裝地暖設備，不再有陰濕的潮氣，反而給人如同臥室或客廳的感覺，成為乾淨、溫暖的空間。如此維持乾燥、清潔的浴室，不只在衛生上對健康有益，也能激發丈夫的好運氣。

另外，如果浴室空間夠大，可以考慮將更衣、盥洗、沖水馬桶、浴缸、淋浴間區隔開來，設計成一個衛生、舒適的空間。

多彩的衛浴空間

浴室帶有水的成分，陰濕之氣盤旋其內。而為了給人乾淨衛生的感覺，在裝潢上大多採用白色系。不過近來為了讓浴室保持明亮、充滿陽氣，多彩繽紛的衛浴設計紛紛亮相。

衛浴壁面或盥洗檯使用亮麗的色彩，木質裝潢也給人溫馨的感覺，再擺上薰香器之類的小裝飾，生氣便在衛浴空間裡流動。

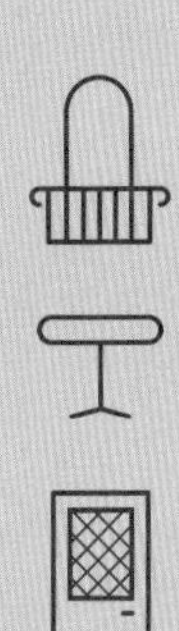

02

專為大樓住宅、一般住宅的風水裝潢

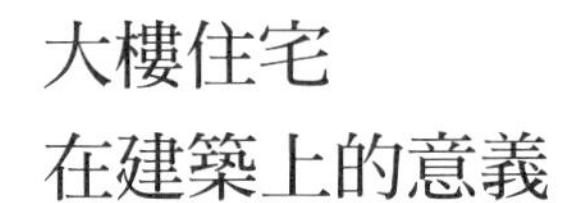

大樓住宅
在建築上的意義

隨著大樓住宅在住宅類型中所占比率愈來愈高，一般生活的便利性也相對提高了。但是，提供了整齊劃一的空間，以效率為最高評價指標的大樓住宅，各棟位置的安排，單調死板的玄關、客廳、廚房、臥室的格局，容納不了居住者多樣化的期盼，限定了大家只能過著千篇一律的生活。為了滿足所有人的想法而興建的大樓住宅，到最後反而淪為誰都不滿意的空間。尤其是近來各居住者的喜好或各種要求日趨強烈的時代，有愈來愈多人不再在意他人的看法或偏見，只考慮自己現有的經濟實力和生活型態，選擇購買一般住宅，裝潢出深具個人風格的空間，大樓住宅再也無力接納並滿足大家多樣化的要求。

然而目前大多數人已經習慣了大樓住宅所提供的生活便利性，在如今忙碌的現代社會裡，大樓住宅仍舊被視為最有效率的空間。即使大樓住宅有一定的局限性，大家還是希望住在大樓住宅裡，在其中架構家庭幸福。因此在這裡提供一些「大樓住宅與一般住宅風水小撇步」，以期各位在空間上能有更好的選擇。

大樓住宅
及一般住宅的宅地

風水上「水」代表「財」。風水寶地的標準——「背山面水」，前面有水流過，而水所環抱的內側區域，就是聚財之地。如果後面又背山，那就更完美了。

座椅要有椅背可靠、可倚恃，才能坐得安逸舒適。同樣，社區前方如果有一棟規模凌駕整個社區的大型建築物，就不是一個好風水的大樓住宅社區。如果只是暫時反坐在椅子上，椅背在前，兩腳大張，下巴靠在椅背上，雖然沒有太大的不方便，一時或許還有舒適的感覺，但時間一長，這種坐姿就一點也不舒服。

再者，現代風水中將建築物視為山，道路視為水。有了路，提升了交通上的便利性，也成了此區地價水漲船高的重要因素。因此當道路環抱土地的情況下，其內側部位就成聚財之地。因此，挑選大樓住宅或一般住宅時，社區或宅地最好位在周圍有水環繞的內側位置。而如果中間有道路，同樣最好挑選為道路所環抱的社區。社區最好位在平坦的地面上，社區前方也必須是平地。社區前方如果有大斜坡，水直落而下，無法積聚，代表難以聚財，就如同水會從平面較低的下水口流出去一樣，財也漏光。

大樓住宅、
一般住宅社區的樣式

大樓住宅或一般住宅的宅地，既然要挑，最好挑選沒有邊角或方角，不會產生濁氣的社區。比起梯形或三角形社區，略圓的型態較佳。若無奈是有稜有角的梯形或三角形模樣，最好避開邊角附近的樓棟或住宅。

再者，大樓住宅社區的周圍是否群山環繞也很重要。首先要確認是否背山面水，也就是後面必須有可依靠的高山或大樓，地勢前低後高，前方得開闊寬敞。其次要看其是否形成一個將社區或大樓住宅、一般住宅懷抱在內的溫暖空間。

位在地勢過高的高地或山腰的大樓住宅、一般住宅社區，盡量避免。如果風太強，山的氣勢太盛，就不適合居住。如果山勢險峻、山形莊嚴，更不能在那座山的山腳下興建人居住的住家。就算背山，這種情況之下，也最好和山保持一定距離興建屋舍。

有些是將山的一部分削掉，或為了防止土石流設置擋土牆之後，整理出一塊宅地，蓋幾棟大樓住宅，這種社區的型態也不是很好。尤其出入口正好面對高高的水泥擋土牆的樓棟，很容易因為壓迫感和擠壓感，在心理上造成不好的影響。

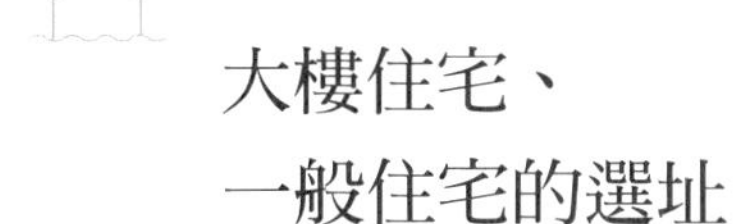

大樓住宅、一般住宅的選址

大樓住宅的樓棟，如果位於從社區大門往裡看正對面的位置，迎面會碰上從社區大門進來的煞氣，非常不好，因此要盡量避開這條線或線上的樓棟。道路這條水，向著大樓住宅這座山直衝而來的宅地所蓋的大樓住宅，主凶。

大樓住宅的最好樓層，一般常以向外視野遼闊，一覽無遺做為衡量的標準，指向15樓以上的高樓層。但從風水層面來看，土地的地氣可及的高度，也就是8樓以下才是最好的。考慮到國內氣候、地質、風水時，樹木可成長的最大高度大約是20公尺左右，這可視為土地的生氣，也就是地氣可及的高度。

如果將大樓住宅每層的樓高訂為約3公尺多，大概就是8樓以下為地氣可及的最大範圍。由地氣如此的風水觀點來看，在選擇大樓住宅的樓層時，比起超高樓層，還是選擇稍微低一點的樓層較佳。一般住宅通常都是5樓以下的低樓層建築，也就不必特別考慮樓層選擇的問題。

至於住家的朝向，如果是大樓住宅，指的是陽台所在的方向；沒有陽台，則指客廳裡最受風、受陽的落地窗所在的方向。一般住宅若有陽台，就指陽台所在方向；如果沒有，就指客廳裡最大的窗戶所在方向。透過窗戶，陽光會照進來，風也會吹送進來，是保持家中生氣乾淨清新的要素。但是，如果因此就把窗戶的尺寸開得很大，每面牆都開窗，家中生氣反而無法凝聚。家宅這個空間，是一個外部各種氣穿堂而過的地方，若是成了一個虛而不實的空間，就不好。韓國冬天西北季風呼嘯而來，因此窗戶最好開在朝東或東南、南向的方位上。因為這個方位會產生毫不陰濕的陽氣，可說是窗戶最好的朝向。（編按：台灣冬天多吹東北季風，會從東北側的窗子灌進寒風。但仍需注意個別住宅之間的差異。）

好宅的條件

1. 屋前無遮蔽物，視野開闊的房子，好。
2. 夾在大房子或大樓中間的房子，不好。
3. 屋前有大山，或前方有大樓，會讓人在家裡產生壓迫感的房子，不好。
4. 宅地的模樣最好呈矩形。雖然宅地型態接近沒有稜角的圓形最好，但現實中很難找到這樣的宅地，因此型態上沒有銳利尖角的矩形就可以，盡量避開三角形或梯形的宅地。
5. 一般住宅的圍牆最好與房屋保持適當的距離，高度比人的身高稍微再高一些就可以。如果太貼近房屋，風無法正常流動，通風上會有問題。距離太遠，就失去了本身擋風、擋外人窺視的存在意義。

大樓住宅、一般住宅的平面設計

從玄關進來的好生氣，會經過走廊，流向家裡的客廳、廚房、臥室、衛浴等處去。這道生氣如果能平均分布到家裡各個角落的空間裡，就會讓人身心舒暢。

風水裝潢上，大部分只能在平面格局固定的情況下，以家具、擺飾，或略加施工的方式來補救。不過在此可以提供一些平面設計的小撇步，做為房屋興建時，或現有固定格局上所存在問題的補救之法。

首先，如果家中房門對房門，或者房門對衛浴門，會造成氣場不穩。因此，如果房子還在興建階段，有必要重新規劃格局；已經完工固定下來，可以掛上簾子之類來阻擋氣場四散。

另外，如果把浴室規劃在臥室裡可供床頭安放的牆體後面，會讓氣場變得很不穩定，無法平靜下來。也有些住家，基於功能上的理由，不將床頭朝著牆體，而是向著假牆或壁櫃安放，如此的配置會使氣場變得不安穩，難有好眠。

一進入玄關，迎面正對陽台或落地窗，或者一眼就看見浴室門，這種格局無法聚財，財富直接外流，最好擯棄。更有甚者，連沖水馬桶都一覽無遺，而且還是掀蓋狀態，錢很難存得起來，是破財相。

再者，一眼就看見朝上的樓梯，由外往內的煞氣全都往上走，氣場四散，也很不好。玄關可以直接看見臥房門，或看見廚房，也都不好。

方位在風水中可說是非常重要的因素。在風水中有所謂的「鬼門方」，是指過寒或過強的氣勢進入的方位，即西南方和東北方，因此最好不要將浴室、餐廳規劃在這個方位上。如果浴室設在這些方位上，財運會大大減弱。

再者，大樓住宅裡鄰近兩家的玄關門，如果呈一直線門對門，兩家的氣場會互沖，彼此都會受到影響，非常不好。雖然長廊式大樓住宅的玄關門全都同一個朝向，但以電梯為中心設計戶型的階梯式大樓住宅，往往都設計成玄關門對玄關門的格局。最好在平面設計時就能將玄關門錯開，盡量不要出現門對門的情況，或是乾脆像長廊式大樓住宅一樣，全都設計為同一朝向。一個家裡，基於同樣的理由，也最好不要房門對房門，而房門也絕對不能對著浴室門。

在家裡局部空間的規劃上，最好避免房門對房門，尤其是房門絕對不能對著浴室門，彼此稍微錯開一些較好。

緩衝空間，陽台打通

「陽台」，是連接建築物內部和外部的緩衝空間，以眺望或休憩等為目的，銜接在建築物的外壁，做為附屬空間所設置。

若想加大客廳的使用面積，有些人將陽台打通，而實際上許多大樓住宅裡早已將陽台打通。不過從建築觀點來看，打通陽台會導致空調能源費用的增加。以打通陽台的臥室來說，與原有陽台的空間相比，在同一條件下，冬天的室內溫度降低，夏天室內溫度上升，結果使得夏、冬季節的冷、暖氣費用增加。研究結果指出，打通陽台後的冷暖氣費用會比原本的費用多出1.5倍，由此可知，陽台這個空間足以扮演室內與室外緩衝空間的角色。

再者，打通陽台也可能導致室內居住者的舒適感降低。也就是說，居住者對室內溫度所感受的舒適性會大幅降低，還很可能會出現結露*情況。

* 結露：天花板、牆壁、地板等表面，或是其內部溫度降到該處濕氣的露點（dew point）以下時，空氣中的水蒸氣就會凝結成液體，這就稱為結露。結露分為表面結露和內部結露。

不只從建築的觀點，從風水的觀點來看，打通陽台也有必要三思而後行。左青龍、右白虎中間的空檔，稱為「水口」。水口變寬的話，氣便容易外洩，無法聚財，因此水口最好關閉。然而大樓住宅，特別是高層大樓住宅往往將陽台打通，以便讓視野更加遼闊。但這在傳統風水的觀點上，無異於水口大開，結果導致家裡原有的好運氣，尤其是財運，無法積聚下來。

如果在陽台已經打通的情況下，雖然也可以利用窗簾或觀葉植物來補救，但陽台本身原本就是聯繫室外與室內的媒介、緩衝空間，因此更應該保留下來，在風水上也有好處。

陽台打通之後，可以做為收納空間靈活運用，中間設置一道門做為區隔也不錯。

同時，透過陽台如果會看見其他建築的邊角，那股尖銳鋒利的煞氣，會因為陽台空間的緩衝功能多少得到緩解。如果能在陽台放置觀葉植物，在風水上就能成為一個更穩定的空間。過去韓國傳統房屋結構中，屋簷下的緩衝空間，就是現代陽台所扮演的角色。

另外，最近很多家庭將臥室陽台打通後，裝潢成小吧檯，做為夫妻兩人在此觀賞日落、品嚐紅酒、聊天談心的空間。兒童房的陽台改裝成遊戲間，子女房的陽台則改裝成書房。

為了夫妻間的感情更加和睦，陽台打通之後，設計成可以眺望室外風景，還能聊天談話的空間。

如今陽台不再只做為儲物空間使用，而是實實在在做為風水上的緩衝空間，還能配合一家人的生活型態，或房間使用者的喜好，設計成各種多樣的用途。

特別是近來處於住家周圍大樓林立、水泥氣息強烈的環境裡，做為緩衝或媒介外部生氣時，陽台是非常重要的。而如果能在陽台靠窗的地方擺上觀葉植物，就能阻擋或中和周圍建築的稜角銳氣。

不過若是在陽台擺放過多觀葉植物或花盆，弄得像個花園一樣，反而成了一個擁擠鬱悶，讓人喘不過氣來的地方。或者是放置了高度幾乎觸頂，或葉片過大的大型植物，反而有礙生氣，主凶。

喬遷時的方位

喬遷時，有所謂的「三煞方」，也就是每年流年必須避開的方位。隨著個人的運勢不同，方位雖然也可能稍微不一樣，但這不只是在韓國，連在日本、中國也被廣泛運用，是普遍必須避開的方位，在此提供參考。當流年是虎、馬、狗年時，三煞方位在北方。當流年是豬、兔、羊年時，三煞方位在西方。當流年是猴、鼠、龍年時，三煞方位在南方。當流年是蛇、雞、牛年時，三煞方位在東方。這些方位是以目前所居住的地方為標準，必須避開的方位，但若過了河，三煞就不順著此方位下去。從下表就可知道，喬遷時必須避開的方位，也就是三煞方，其實是按照西、南、東、北的順序不斷重複。

年度別喬遷該避開的方位

年度	2015	2016	2017	2018	2019	2020
喬遷該避開的方位	西	南	東	北	西	南

年度	2021	2022	2023	2024	2025	2026
喬遷該避開的方位	東	北	西	南	東	北

年度	2027	2028	2029	2030	2031	2032
喬遷該避開的方位	西	南	東	北	西	南

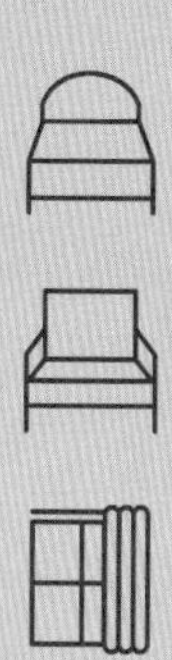

03

套房的
實用風水裝潢

套房的
風水裝潢

某電視台節目中，對風水裝潢抱持否定態度的某位來賓曾經這麼表示：「如果真有風水裝潢，那麼只有一個房間的套房，風水裝潢怎麼做？除了擺擺床位、餐桌之類的家具外，還能怎樣？那算什麼風水裝潢？根本說不過去。」

其實所謂室內裝潢，第一，是根據線、面、光來設計室內空間的一種概念；第二，如此打造出來的空間裡，再選擇合適的家具或擺設，配放在適當的位置上；第三，以壁紙、布藝或照明等方式，營造出不同的感覺。當然，設計上必須充分反映出居住者的生活方式和要求事項，甚至要能站在專家的觀點上提出新生活型態的建議。

以上述為前提的情況下，再考慮到空間的氣場，這才是風水裝潢。不僅要引生氣入戶，保持氣場流動順暢，還要能聚氣，讓人時常動手清理，不使混濁、陰濕之氣出現或積聚，要以明亮、生動感十足的空間設計來彌補不足之處。

那麼，一般結構上只有一個房間的套房，該如何進行風水裝潢才恰當呢？這裡要注意的是，所謂套房，其實並不都是「一個房間」。首先，衛浴就被隔離成一個獨立空間，所以房間雖然只有一個，但還是分割出不同的局部空間，夾層結構的套房也不少，甚至也有空間稍微寬敞一點的套房，還另外有個小小的陽台或更衣室。因此近來的套房已經不再如過去宿舍一樣，除了一個房間之外，什麼都沒有。

而套房裡有流理檯的，也有很多安裝了推拉門，不使用流理檯時就把門拉上，或掛上一扇百葉窗。收納空間也做了充足的考量，甚至連冰箱、洗衣機都採取內置式的設計施工。

套房在風水上的解決方法

就算是只有一個房間的典型套房，正確擺放床、電視、電腦桌、書架等家具或其他小擺飾，就是風水裝潢。即使只是一個矩形單房的結構，基本上還是有玄關、窗戶、衛浴，彼此在空間上形成相互關係，產生空氣與氣場流通的位置。

若是生氣流動出現了問題，就必須靠家具和小擺飾的擺放來補救。根據不同情況，也可以運用色彩和家具材質做為補救。要是沒問題，在家具或小擺設的擺放上，必須注意不能破壞到好氣場的流通。

既然套房的條件如此，在風水裝潢的注意事項便有不同。首先，因為沒有別的房間，就無法區隔出臥室來，所以只能將整間套房視為臥室，床的位置就要擺在玄關對角線方向，與牆壁保持至少30公分距離的位置上。同時，床頭要朝東或朝南，如果不行，至少要朝北，絕對不能朝西，也不能將床頭對準玄關、浴室、更衣室所在的方向，這點要注意。

接下來，就要解決空間氣流的問題。從玄關入戶的好運氣，不僅要凝聚在家中，還要為這個一不小心就容易變得陰濕、混濁的空間注入生氣。然而，如果是二十一世紀初期興建的長廊式大樓住宅、商務套房、小套房，就很難安排可聚好生氣的家具擺放。

因為大部分格局都是一進入玄關，迎面就是落地窗。玄關正對面開了一扇大窗，就如同在玄關前面擺一面鏡子，好運氣根本進不來，直接就被彈出去了。這種格局使得好運氣無法積聚，經由落地窗直接外洩，造成空間變得虛而不實。如此的格局，若還在四面開窗，窗子又都很大的話，那麼可能連身處室內該有的安穩感都蕩然無存。

不管是走路或搭車，只看路上行人，就能輕易分辨出這條路是人潮薈萃，或只是一條往來經過、不曾逗留的路。同理可證，如果住宅這個空間的前面正對後面，或是大樓的正門正對後門，這個空間就會變得虛而不實，無法聚財。

若想防止這樣的情況發生，可在面對玄關的窗戶掛上百葉窗或窗簾，最好平時都拉上。或者是在窗戶前面擺上觀葉植物來改變氣場流動的方向。

不過最好的辦法，還是將空間做出區隔。分割空間的方法有兩種，一種是利用收納櫃或書架，放在玄關門一打開就能看見的前方位置上。如此一來，不必加設假牆，只要靠家具的擺放，就能將空間區隔出來。就像是掛了簾子一樣，讓從玄關進來的生氣，蜿蜒流淌進室內來。河川湍急不是件好事，空間的氣流也要如小河蜿蜒、細水慢流那般，緩緩曲折入內才好。

氣流或風雖然清涼，卻僅短暫的一閃而過，這種地方就只能做為像小木屋或涼亭之類暫時休憩的場所，而不適合做為人吃住睡覺的住家，或花上整天工作的辦公室。何況川海一望無際的遼闊景觀，也不適合在家觀賞，而應該在有涼亭的地方。

另一種分割空間的方法，是將假牆、收納櫃或書架擺在一打開玄關門就看得見的前方，然後在其旁邊90度轉角處，加裝一道門。也就是說，一進入玄關，正前方看見的是假牆或收納櫃，其左邊則是一道門。打開這道門進去，床就放在右邊對角線方向的位置。但如此的風水空間設計，只適合玄關門一打開，左邊有衛浴，右邊是流理檯的矩形套房。如果衛浴在反方向位置，則左右顛倒。

如此一來，從玄關進入房間裡的路線，就明確做出了一條走道，也扮演著中門的角色。另外，這樣的設計也可以阻擋玄關正前方的廚房所散發的味道，隨著玄關的空氣飄進房間裡去。同時風水上的運勢，也因為這個空間裡的生氣，由外洩轉為聚積，變得更加妥當。

不過，這種還要加裝一道門來分割空間的方式，就算是套房，也需要室內面積在10坪左右的大小，才可能規劃得出來。因為坪數太小的話，這麼做多少會覺得擁擠壓抑。

CHAPTER 3

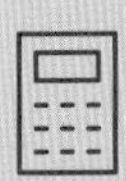

04

隱藏在旺店裡的風水祕密

山勢、水勢、地勢的現代解釋

過去靠觀察山勢、水勢、地勢來判斷土地的地氣，並且預測在那塊地上土生土長的人的吉凶禍福。同時還有裨補風水的做法，試圖藉由氣的截長補短，來製造一塊風水寶地。

其實就算削掉山勢，也很難改變地氣的根本，尤其在商業風水方面，隨著新完工且具有指標性的建築物、地鐵等交通設施、使用者眾多或人潮薈萃的設施出現，該地區也會逐漸產生變化，因此好好觀察、掌握這種影響，是非常重要的。

而在現代風水中，將大樓視為山、道路視為水，因此在選擇店鋪時，最要緊的就是觀察周圍建築和道路。還要分星期別、時段別，仔細觀察車輛的移動和人的動線。再者，如果店鋪在大樓裡，還要在大樓內部觀察四周商店與人潮移動的線路。時而可見曾經盛極一時的商街，因為道路改為單行道，先不說過去的輝煌只能留在回憶中，附近整個地區都逐漸沒落，也鮮少再有人涉足此地，就此一路衰退下去。就算被視為山的大樓還聳立在原處，但因為被視為水的道路方向改變，人的移動路線也因此受到影響。尤其是店鋪林立的商業區，受到影響的速度明顯會比住宅區快得多。

被視為水的
道路所經之地

在挑選店鋪時，也必須考慮江河的流向。尤其是位在市中心的店鋪，更要切實掌握現代風水中視為水的道路走向。在道路經過的路線上，是否環抱店鋪所在的土地，還是店鋪位於其外側土地上，都必須確認。位於道路環抱的內側土地上的店鋪，才能人潮、錢潮滾滾來。

再者，比起稜角太多，生出尖銳鋒利氣流的三角形或梯形土地，矩形地才是大吉之地，而且要位於土地高於道路的地方才好。因此，位於被視為水流的高架橋下方的店鋪，很難興旺。被水淹沒的商店，怎可能旺得起來。

位於死巷或三岔口交叉點附近，道路彷彿對著店鋪直衝而來似的，這些地方也不好。店鋪正門對著筆直傾斜的巷子或道路的土地，視為水往下流之地，無法聚財。

就算是街道，也有人群聚集或暫時經過的區分。一直線筆直延伸的道路，不是人潮、錢潮匯聚之處，只是一時經過、隨即離開的地方，最好避開。

另外，比起臨街的店面寬度，店鋪裡的腹地要深、要廣，才是成為旺鋪的重要條件。這種地方是實實在在，能賺錢、聚財的好地方。

旺地附近，
必出現充滿閒趣的附屬區域

人潮薈萃之地，隨著時間的過去，也會逐漸改變。江南的狎鷗亭洞羅德奧街，曾經是引領潮流的時尚青年聚集之處。但隨著街道被改成單行道之後，和過去相比，如今說是成了一個死氣沉沉的空間也不為過。相對的，人潮迅速流向清潭洞和林蔭道去，讓這兩個地區有了蓬勃的發展。

之前林蔭道只是一條連接主幹道裡區塊之間的小街道，只有幾家專為附近居民開的小商店。狎鷗亭洞興盛時，林蔭道雖然就在附近，但租金相對來說低廉很多，因此許多文創小鋪便如雨後春筍般一一冒了出來。

這些引領時尚文化的個人小鋪紛紛出頭的同時，也為這條街道渲染出獨特的色彩。如此一來，以文化的力量興起的林蔭道，受到了大家的喜愛。原本只是一條讓人尋幽賞景的街道，如今一到週末，便成了人潮絡繹不絕、摩肩接踵的勝地。

像這樣結合美術、建築、表演之類的藝術，決定了一條街道的色彩，創造出時尚文化的同時，這條街和這個地區也因源源不絕的人潮，變得更擁擠，充滿了十足活力。而人潮的腳步和動線一旦形成，就像是一種慣性，至少可以維持好幾年，直到那個地區的絢爛達到巔峰。在那之後，多少可能會出現走下坡的跡象，不過這些曾經絢爛的街道或地區，因聲名在外，近幾年裡仍舊會維持在該地區主要核心的地位。

當年狎鷗亭洞曾經興旺的街道已經沒落，林蔭道瞬間崛起，也造成個人小鋪的業主再也難以負擔高漲的租賃費用，紛紛轉移到周邊其他地區聚集。已經形成的商圈，就由品牌授權的直營店和富有的個人業主接手，誇耀時尚的大型商鋪就此林立，抹去這條街道原有的文創色彩，變得與其他普通街道沒兩樣。當這條街道的色彩變得與其他街道差別無幾時，人們就再也感受不到這個地區的魅力了。

預定或已劃為單行道的地區，必須仔細觀察其四周

街道的興衰過程就是如此，像過去弘益大學停車場的小巷子，只是學校附近靠裡面的小街小巷，幾乎無人涉足此地。但當美術、建築、獨立音樂、酒吧為這些小巷道抹上了色彩之後，在引領文化的同時，如今弘大附近也成了首爾市區裡惡名昭彰的塞車路段，人潮擁擠。在這地區開店，只要店本身還不錯，幾乎都能賺錢。

過去興盛一時的新村和梨大附近的商圈，因為人潮轉往相距不遠的弘大方向聚集，相較於過往，可說沒落了很多。而造成那塊商圈沒落的原因，單行道也是其中一個重要的因素。也就是從梨大站到梨大正門那條路改成了單行道，往新村站延伸下去的那條路，也劃歸為單行道。

當初基於規劃一條步行街的想法出發，結果卻成了一條大家不想在此步行的街道。單行道無論如何會造成車輛通行上的不便，使得原本想開車到那附近去的人，就此打消念頭。

所以如果想在新近劃歸單行道或鄰近單行道附近地區開店，最好多花一點時間，按照平日、週末，白天、晚上，星期別、時段別，仔細觀察那附近人潮的動向。

攻占新興地區附近幽靜之地

三清洞過去並非如現在一般人潮擁擠，而是想在市區裡享受悠閒樂趣時，才會一遊的地方。如今從仁寺洞為始，延伸到三清洞和北村，人潮絡繹不絕，再也找不到過去那份閒情逸致。當初遊客為了避開鐘路和鐘閣的繁華，而迷上了仁寺洞街

弘益大學正門的建築
位於三岔口轉角的建築，規模必須夠大，才能克服來自道路的煞氣，不然會很難興旺。

梨大站巷道
現有道路被改為單行道的同時，人潮和動線也會改變，成為活力多多少少會衰退的地區。

狎鷗亭洞羅德奧街

道的傳統風情。後來，當仁寺洞也變得擁擠不堪，到處萬頭攢動時，大家又開始朝著仁寺洞街尾，穿過地鐵安國站，逐漸往上，轉移到三清洞去。當三清洞也失去了原有的幽靜之後，大家又轉移到附近的北村、西村，以及更上方的付岩洞。

我們雖然喜歡往繁華、人多的地方跑，但也會帶著對附近稍微幽靜之處的嚮往移動。這是基於風水中的基本元素，山勢、水勢、地勢，應用在現代風水中，就成了大樓、道路和人潮轉移的動線。觀察動線的走勢和變化時，也必須如觀察被視為水的道路人流一樣，多花一些時間，按照星期別和時段別仔細觀察。不只是人潮動線，車潮動線的走勢也很重要。沒有代客泊車的情況下，停車場的空間就要夠大。相較於擠滿小商店，卻沒有足夠停車空間的新村和梨大附近，弘大停車場附近巷道得以重振的其中一個原因，可說就在於巷弄之間擁有一片公共停車場。林蔭道也是因為道路兩旁有公共停車場，大大有助於街道重拾活力。

旺店不可隨意
變更結構

一位醫師好友在醫院喬遷之後，不僅醫院生意興隆，而且事事如意，源源不絕的病患慕名而來，他覺得很幸福，但同時也有了一個煩惱。病患一多，候診室的空間就顯得不夠寬敞，因此他考慮打通隔壁店鋪，擴大醫院的規模。

我的回答是，絕對不可以擴大醫院目前的範圍。醫院喬遷到現址之後生意興隆，或許可說原因在於那塊土地，但也意味著目前所裝潢的室內空間，是一個可聚氣的好環境。因此萬一不小心，擴大醫院規模的同時，也改變了室內裝潢，使得原本能生氣、聚氣的空間產生變化，或許醫院運勢就此開始走下坡。

有些美食小店開在看起來快倒塌的木板屋裡，但食客卻寧願排隊等上幾小時，也要一嚐美味。品嚐之後發現其實和別家也沒多大差別，但就是客潮、錢潮滾滾來。這種情況下，通常為了接納更多的客人，商家都會在現址上擴充，成為一家更大的店。但一般這麼做之後，十之八九很快就關門大吉。與店鋪所在的吉地無關，而是因為那個空間所積聚下來的氣場被打破之故。不管怎樣，當生意興旺的時候，絕對不要擅自改變那個環境。

上述情況，可以將目前看似快倒塌的木板屋當成本店，然後在鄰近地方開設分店，以接納本店消化不了的客人，這才是正確之道。梨泰院有一家知名的披薩店就是如此，本店不僅老舊，店面又小，但時常可以看見排隊人潮。雖然對其中內情或投資情況不太了解，不過那家披薩店後來在附近一棟新的大樓裡又開設了分店。不知是否考量到風水才那麼做，還是想讓本店維持現狀繼續營業，我覺得商家做的實在太對了！兩家店的生意依然保持座無虛席的盛況。

萬一店鋪建築需要重新改造，最好配合左右均衡。如果預算充足，可以全部拆掉改建，但要是費用上負擔過重，也最好能配合左右均衡的原則以為彌補。尤其是在結構上，如果動到支撐建築物的柱子或承重牆，更必須那麼處理，不然在結構上無法完全承重，或左右失去均衡，就會變成一棟很不穩定的建築。

錢財滾滾來

有時候，我們會看見商店入口或櫃檯等顯眼的地方，放著各國的鈔票，這乃基於錢滾錢的「同氣相求」理論，有聚財效果。另外，象、龜模樣的雕像，象徵招財獸，如果放置這類擺飾，具有財運滾滾的意思，因此擺放在家裡或店裡都很好。

至於保險箱，最好放在打開保險箱門的時候，不會被門遮住視線、有人接近也能馬上察覺的位置，在心理上較有安全感。放置保險箱的方位，一般最好在五行中代表「水」的北方，印鑑和存摺的藏放地點也一樣。

通常百貨公司一樓看不到化妝室，就算想在百貨公司上洗手間，也得到地下一樓或二樓去。站在百貨公司的立場，當然是要確保一條最長距離的動線，獲取來訪顧客在經過之際，順便看看陳列商品的時間。

像這樣考慮到商品特性，以及顧客走逛動線來擺放店鋪商品和調整結構，銷售額必然能大幅提升。

人潮絡繹不絕的商店

即使賣著相同的商品或飲食，有些店就是讓人想進去，一旦進去之後，又想多待一下。基本的原因雖然出於地氣，但店鋪本身的既有型態、進出的大門、窗戶、天花板等空間上的設計，有可能會聚氣，也可能會散氣，使店鋪成為一個虛而不實的空間。

店鋪的樣式最好避免梯形或三角形之類有尖銳稜角的型態，如果可以，最好一面以上臨街，才能擁有讓更多顧客上門的條件。一般位於轉角的店鋪銷售量都很大，原因就在於流動人潮多，進出方便。

比起臨街店面，店鋪內的腹地要深。腹地短且狹窄的空間，會讓人心生不安，不想久留，甚至無法意識到自己已經置身於店內，沒辦法有安心的感覺，因此也很難生出購買欲望。所謂的商店，就是要在店裡慢慢看，慢慢決定要購買的商品，因此需要有絕對的時間。想讓顧客停留超過一定的時間，就必須提供一個能滿足上述條件的空間。

同樣的，窗戶開得太多，或從外面就能將店內一覽無遺，風或氣分不出內外，隨即穿堂而過。好的生氣雖然需要流動，但也要能聚積下來才行。

上岩洞MBC廣播電視台新建大樓前面有一個非常大的廣場，雖然是人為造就的廣場，但一到週末或平日的傍晚，便會有許多父母牽著孩子的小手來玩，或是附近大樓裡的居民過來散步，可謂人聲鼎沸。像這樣商店前方有一處大廣場，是很好的店鋪選址條件，代表前方遼闊，沒有遮蔽視野，讓人心情鬱悶的建築，也可說具備了眾人能輕鬆自在流連於此的要素。

CHAPTER 3

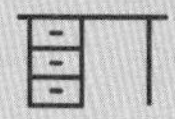

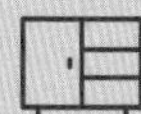

05

打造事業興隆的辦公室

好的
大樓樣式

線條筆直，四四方方上去，左右對稱，中間無凹凸曲折的部分，這種方正的大樓最佳。就五行屬木的建築來說，都市裡常見矩形矗立的大樓，就屬於這一類。

外觀有尖細或突出的部分，造成稜角眾多或給人銳利感覺的大樓，或是大樓形狀帶有彎曲弧線，氣場也會隨之變得鋒銳，主凶。就五行屬火的建築來說，屋頂尖細，如同高壓電塔般頂端尖銳的大樓，就屬於這一類。

受到建築法斜線限制的影響，或以採光、景觀為目的所興建的大樓，外觀常會設計成連續的階梯形或波浪形。但這個空間卻會因為鋒銳之氣，讓氣無法聚積，氣場四散，難以興旺。

同時，大樓最好下比上寬，才有穩重感。如果上比下寬或規模較大，來自上方的壓迫，會有種岌岌可危的不安感。

而且，建築物就應該接地氣。小型建築為了解決停車問題，通常會進行打樁工程，立起足以支撐上層建築物的支撐柱或承重牆。如此一來，建築本體和地面之間就會有一段距離，不僅缺乏穩定感，也無法完整承接地氣，造成地氣四散。

要想承接地氣，建築物就要接觸地面。同時，建築的一部分埋入地面之下，密切相連，才能阻擋外部風勢對建築物結構的威脅，地氣也才能完整無缺的傳達到人的身上。

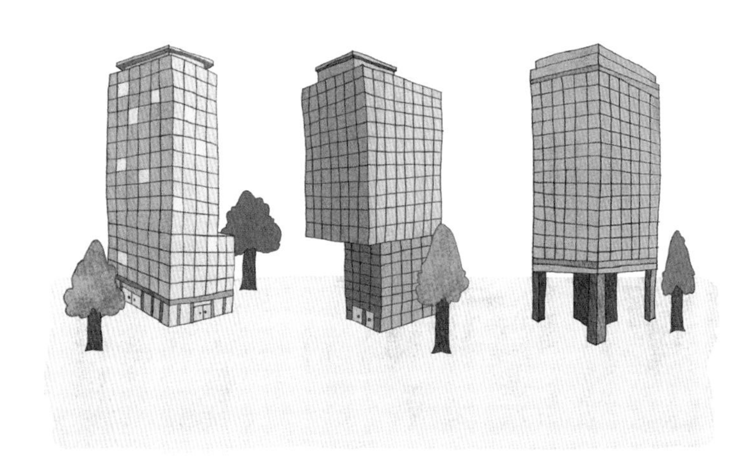

與周圍大樓或山之間的和諧關係

一棟建築的好壞，是無法單靠本身功能上的目的或外觀來評價或判斷的。當然，建築本身的目的和功能，是最重要的基本考量，但如果不顧及建築位置的特徵，以及與周圍其他建築物之間的關係，就無法決定這棟建築的外觀模樣。大樓在興建之初，必須考慮到交通或人潮移動的動線，才能安排主要的出入口，或樓梯間、化妝室等其他局部空間的位置。

因此，若完全不考慮與周圍環境的協調或連動性，就興建一棟在建材上或色彩上與四周毫不搭配的建築，或者蓋一棟過大、過於顯眼的大樓，也是不可取的。不過，如果在非常落後的地區，進駐了一棟又高又雄偉的建築，成為該區地標，受此影響，當地周圍的建築或整個地區也會跟著活絡起來，逐漸變得乾淨，或形成新的商圈。

但是，就算事先存有如此積極的想法才興建的大樓，仍要充分考慮到這棟建築在興建完成之後，周圍可能會隨之改變的情況。也就是必須想到在一年後，甚至是五年後，周邊地區受到影響有了改變，而在這種情況下，這棟建築所扮演的角色是否生變，又是否協調。

同時，在建築物的大小或高度上，也要考慮與周圍的和諧關係。天際線的美醜，也是必須思考的重點。夾雜在摩天大樓之間的低矮建築，主凶。而夾在兩棟大樓中間，受到擠壓的低矮建築，也不吉。尤其是被擠在兩棟高樓之間過於內縮的建築，生氣會過門不入。如此缺乏生氣的地方，也難以匯聚人潮，事業或生意自然無興旺之理。

反過來說，夾雜在一群低矮建築之間的高層大樓也不好，只不過此種情況下，如果後續周圍開發，形成相同的天際線，達到彼此和諧的可能性加大，那麼也很難斷定就絕對不好。

自然界中，山勢、水勢彼此相互影響，自然成形，隨著歲月的流逝緩緩變化。而在現代風水中，視大樓為山，道路為水，因此當大樓新建或道路新闢的時候，周圍環境也會受其影響而改變。所以就需要有先見之明、胸懷大局的計畫。

而在這種已有成算的改變與周圍大樓之間，或與道路之間的相互關係中，偶爾也會出現意料之外的變化，有可能會提升該棟建築物的價值，但也可能會讓這棟建築物成為大家不願涉足的猙獰建築。

住家前面近處的大山或高樓，就如家中大型家具橫擋在前，會造成壓迫感，讓人喘不過氣來，家中氣場也受到壓制。如果存在如此讓人心生鬱悶的大山或高樓，最好興建一棟足以壓倒此山或大樓的大型高層建築或房子。如果是在相距甚遠處有大山或小山的情況，興建一棟差不多高度或規模的建築物，主吉。

再者，如果是在山頂興建一棟如同尖細高層鐵塔一樣，讓山變得更高的建築物，會同時接收到來自周圍的煞風和煞氣，非常不好。高山頂上，低矮的建築反而能與周圍環境達到和諧，在風水上來說更好。

事業興隆的
辦公室正門與後門

企業大樓或做為辦公室使用的大樓裡，與董事長辦公室、辦公桌位置同等重要的，便是正門和後門。正門和後門中，正門必須帶有明確的地位和象徵性，讓人一目了然，不至於前後門不分。

偶爾也會出現兩家公司以租賃為目的，在同一棟大樓裡開了兩個正門，掛上兩塊看板的情況。暫且不提興建這棟大樓的土地問題，這種設計在風水上原本就已經構成公司難以成長的條件。

麻浦區上岩洞某大樓，乍看之下，根本分不清哪裡是正門，哪裡是後門。不只外觀如此，從裡面服務檯所在的大廳往正門、後門看，在大小和規模上也難以區分，完全找不到任何足以證明是正門的象徵。

再者，正門正對著後門，形成好氣穿堂而過，無法聚積，結果這家企業被捲進各種醜聞中，陷於困境，如今都還無法找出脫困之路。做為正門，就必須有其足以證明地位的明確模樣。而且，門這種東西，最忌諱門對門，萬一必須在面對面的兩道牆上各開一扇門，最好盡可能以斜線方式錯開，不要直線正對。若是大樓的正門已經正對著後門，那麼可以在中間立一道假牆，或改變服務檯的位置，讓氣能聚積下來。或者也可以在中間放觀葉植物，做為補救。

另外，若辦公室玄關門正對著電梯門，或正對著樓梯間門，雖然好找、方便，但卻是生氣容易外洩的位置，最好避開。而辦公室門一打開，正對面就是一扇落地窗，氣場容易四散，難以凝聚，主凶。還有從窗戶往外看，若一眼就望見鄰棟大樓地下停車場大型入口，事業也很難興旺。

CHAPTER 3

從書桌看職員
處理業務的能力

看到這兩個人的辦公桌和坐姿，會有什麼想法？最先入目的，大概是一個桌面髒亂，文件散落四處；另一個桌面整理得乾乾淨淨的差別吧。然而除了這顯著的印象之外，再慢慢仔細觀察，就會察覺出流動在人與空間之間的氣場。

一個是辦公桌亂七八糟，身在如此髒亂的環境裡，業務處理得更不順暢，相互形成了一種惡性循環。另一個是業務順利完成，桌面清爽乾淨，讓下一件工作又能順利展開，形成一種良性循環。

人與空間就是受到如此積極或消極的相互影響，這也解釋了為什麼在工作的時候，家具、擺飾、文件必須盡量放置整齊，不使氣場變得混濁的原因。辦公室裡的個人辦公桌，最好時時保持整潔，桌面清爽乾淨。

再者，近來以網路公司為主，日漸推廣開來的開放型辦公室，有必須局限於某些特定行業採用的考量之處。如果從事自由想像的創意性活動，並以此為主業的話，那就無所謂。但若從事的是一般普通的文職工作，或屬於公務員機構，使用開放式隔間的開放型辦公室，反而會變成一個容易受到周圍環境影響而分心，導致處理業務的專注力低落，甚至可能罹患憂鬱症的辦公空間。

根據瑞典斯德哥爾摩大學針對兩千名上班族持續三年的追蹤調查結果顯示，比起在一般辦公室裡工作的人，開放型辦公室的上班族請病假的次數多了2.5倍。有些時候因為個人喜好或業務上的特性，還是需要一個透過隔板來保障一定隱私的空間。暫且不提工作之餘需要一點休息，一個人整天處在感覺受人監視的環境裡，心理壓力可想而知。或許有人會反問，別的事都不做，一整天只處理自己的工作，還會出現什麼大問題嗎？但其實問題並不如此單純。

如果不是以人為對象的諮詢工作，或彼此間需要即時溝通的情況，比起全開放式的辦公室，讓職員在能保障個人部分隱私的環境裡做事，更能達到事半功倍的效果。

循此脈絡，辦公室的內部色彩，也最好選擇米色或淺木質色澤，較不會造成眼睛疲勞，也不容易引人矚目。辦公室樓高較低矮的情況，可以將天花板漆成白色或米色系的亮色，讓空間不至於產生壓迫感，視覺上也較開放。視情況考慮深色天花

根據辦公室的性質，選擇是否採用開放式隔間的辦公室。

板，下方使用亮色，但需考量樓高，如此的搭配容易產生壓迫感，必須特別注意。

在辦公室內部安排上，為了提高工作效率，需要考慮到動線，但最好還是按照職級，愈高者盡量安排在愈靠裡的位置，才能對整個辦公室裡職員的動向一覽無遺。同時在樓層上，公司高層主管的辦公室也要安排在比一般職員所在還高的樓層，才能顯示權威。不過，最好選在地氣可及的範圍，也就是8樓以下的樓層中。

部門小組的座位安排，若太過強調個人隱私，在需要某種程度溝通的情況下，反而不適當。應以提高心理安定感及工作投入度的環境為前提，之後再考慮溝通時所需要的設備。因此， L 形隔板以及適當的隔板高度，便有助於彼此溝通的進行。特別要注意的是，在座位後面規劃人來人往的動線，是最忌諱的。

另外，座位呈縱隊相連，後座人看著前座人背脊工作的安排方式，會因為自己的電腦螢幕就暴露在後座人眼裡，而心生不安，缺乏安穩感，不建議如此安排座位。辦公桌面對出入口，或是看得到外面走道的座位，會直接受到由外入內未淨化之氣的衝擊，主凶。一點都看不見人進進出出的座位安排，也不見得好。而辦公桌就放在緊鄰人來人往的動線上，也很難埋首於工作中，就像把座位安排在走道上一樣，一點安定感都沒有。人進人出的出入口，最好從自己座位所在的靠裡側位置上，遠遠瞧得見就好。

偶爾也有些公司會將高層主管室安排在辦公室出入口旁邊，以背對出入門而坐的方式擺放辦公桌，旁邊再用隔板隔間。這種安排雖然會根據周圍景觀和窗戶位置而有所變動，但基本上還是不建議採用。

再者，把座位安排在承重的支撐柱旁邊，就彷彿把家蓋在威武雄壯的大山下面，是會受到惡氣衝擊的位置。因此，絕對忌諱將辦公桌安排在緊貼、背對或面對大柱子的地方。承重柱就像是一座氣勢強大、尚未淨化的山，太靠近的話，主凶。

近來，不只是大樓的外牆，連辦公室內部也常使用玻璃來裝潢。政府辦公大樓或區公所之類具有權威性的建築物，如果使用玻璃外牆，多少給人帶有攻擊銳氣的感覺，但以玻璃做為與外部溝通的材質來說，也代表著「棄威權」的意思。不過以玻璃為外牆的情況，比起外觀過分犀利，或造型尖細的建築，採用少稜角，造型溫和的建築模樣，更能彌補玻璃冰冷材質的缺點。只要能解決玻璃的這個缺點，在建築外觀上就能表達出積極與外界溝通的意向。

在四周全是整面玻璃外牆的大樓裡，放置高層主管的辦公桌時，一定要在後面加建假牆，或以大理石築一道牆，以人為方式製造出可依靠的牆面才好。我曾經到某企業辦公室提供風

水諮詢，那間辦公室的辦公桌後面是一片玻璃外牆，成了一個虛而不實的空間。那時候，這家公司早已陷入醜聞連連，沒一天安穩日子的困境。

內部裝潢上，不只限於商場大樓如此，在一般辦公室隔間的時候，雖然也使用不透明的假牆，不過目前有愈來愈多公司趨向使用玻璃隔間，再掛上百葉窗遮蔽。這樣的設計裝潢反映出組織中已經往溝通大於威權的方向轉變。也就是說，將辦公室打造成與外界溝通的空間。

在辦公室裡另闢一塊空間集中保管外套、大衣，也是很好的構想。

風水也有格局之分

某些特定場所或地區，也如人的面相一般有格局之分。有些地區一看就覺得貧窮落後，有些地區則呈現穩重大氣的風格。特定地區不僅憑藉周圍的山勢、河川等水勢，以及地勢，還憑恃現代風水中所強調的建築物、道路、人潮或車輛的動線，來製造出不同的氣場。

看風水的時候，如同看面相一般，有幾個重點。

第一，對這個地區整體直覺上的感受。江南區青潭洞深巷裡的酒吧街，每次經過地鐵新沙站後巷都有種行色匆匆、難以駐足的不安定感。觀相時最重要，也是第一眼看到的瞬間，直覺感受到的清濁貴賤最真實。地區也是一樣，直覺所感受到的氣場，才是最重要、最明確的。

第二，大樓的外觀非常重要。首先，要注意大樓是否位於沒有尖角或過多邊角的土地上，以底面積不縮減的型態往上蓋。整體呈現正方形模樣的大樓，最穩重，也最能製造生氣。

第三，協調和均衡。大樓所在的土地和周圍土地，以及和周圍建築物之間的大小、高度是否協調，這很重要。就算一個人的眼睛、鼻子、嘴巴、耳朵長得再好看，要是只有鼻子過大或哪裡過小，整體失去協調和均衡，從面相學上就難以視為吉相。

第四，色彩。大樓本身的色彩，也要考慮與周圍環境或其他建築物之間的協調。以風水來說，在某些情況或許需要採用強烈的色彩，但首先還是要考慮色彩的協調性。就如面相學裡所提到的，察言觀色可知未來吉凶。

不只是下班、回家經過的熟悉道路或地區，即使是拜訪好友的家，或到一個陌生的地方，隨時隨地留意周邊景觀的話，就像人看得多了，便有識人之明，也能達到一眼看出大樓興衰的境界。

CHAPTER 4

30天自助風水裝潢

風水裝潢的魅力之一，就是隨時能自己設計空間。
只要掌握風水的基本原理，再添加個人喜好，
就能完成最適合自己的風水裝潢。
現在，只要跟著這麼做，30天後就能打造出讓身心更健康，
重拾濃情蜜意、財運滾滾來的空間，也從此改變自己的命運。

CHAPTER 4

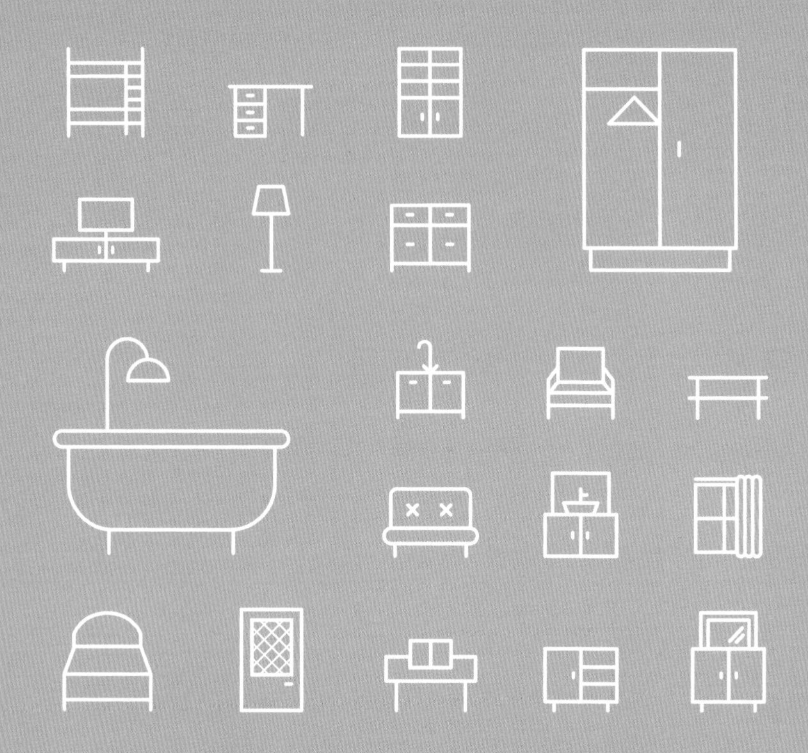

現在要介紹的「30天自助風水裝潢」小撇步，是考量一般普通的住家裡，從玄關入戶之後，盥洗、用餐、休憩，到睡覺為止的動線方向和時間，只要跟著做，就能自行設計出最適合自己的空間。當然，這30個風水小撇步不只限於住家，也包括了大樓、辦公室、店鋪的設計，可說是將居家、辦公空間一網打盡。

只要一個月的時間，就能實踐夢想，因此不要覺得沉重，抱著每天進行一點的想法慢慢熟悉，慢慢驗證就行。最重要的，是在完成之後好好維持管理。首先，以下內容可能多少出現重複的部分，但因為很重要，請務必做到。在進行這30個小撇步的期間裡，您的生活也會明顯出現相當大的改變。希望您一定要熟知這些小撇步，切切實實的做到，以創造出能累積健康、愛情、財富的最好空間。

風水裝潢
是藉由內部空間
型態的設計，
聚氣其中的工作。

- 風水裝潢的目的在積極接收生氣，將濁氣轉變為流通的好生氣。
- 風水裝潢的基本原則，在清空和打掃。
- 首先將不必要的物品丟棄，留下來的東西就得好好整理。時時打掃保持環境清潔，生氣的流動就會愈來愈順暢。
- 必須不間斷的保持丟棄、整理、清掃的良性循環模式。
- 家中各個角落、家具下方或上方，最好能時時關注，不要讓灰塵累積，隨時保持清潔。家具下方或上方，不要堆積物品，保持循環、通風和採光。
- 空間要留有餘地。
- 不要讓家具、擺飾或其他物品成為家中的主角，要好好整理。空間要留有餘地，才能成為一個充滿生氣的家。空間的餘地並非只能以不斷搬遷到坪數更大的房子來達成，還是要以捨棄、清理來維持整潔。

玄關是家長出人頭地
和名譽的空間，
必須明亮、乾淨。

- 訂做玄關門時，最好尺寸對比房子大小，比例稍微小一點才吉利。
- 玄關的壁紙或材質，顏色不要太暗沉。
- 比起隱隱綽綽的間接照明，明亮的直接照明較佳。
- 鞋櫃下方可照見鞋子的間接照明，不適合做為玄關照明。
- 玄關地板要擦乾淨，鋪上地墊。
- 玄關最好能散發好聞的香氣，打開玄關門就聞到臭味的話，就必須找出原因，清除臭味。

進出的大門
是住家門面，
玄關要時時保持
整潔乾淨。

- 不穿的鞋子收進鞋櫃裡，不要散置在地板上。放在玄關的鞋子最多不要超過家人數的1.5倍，若一家四口，就是六雙。
- 玄關不要堆放雜物，像是雨傘架、高爾夫球袋之類休閒用品、娃娃車等，收到儲物室或移到陽台放置。
- 若有傳單或廣告貼紙貼在玄關門上，趕緊撕下來，以保持做為住家門面的出入門清爽乾淨。

利用小擺飾，
讓玄關成為一個
充滿生氣的空間。

- 玄關門的內側，可以掛一個小風鈴，讓聲音喚醒停滯的氣場。
- 可以在玄關鞋櫃附近放花或觀葉植物，或者在玄關牆壁掛畫作或相框。
- 玄關門一打開正對客廳方向的走道上，如果有擋路的家具或擺飾，全都要清光。生氣入戶的通路被擋住，主凶。
- 玄關門一打開正對面的牆上，若掛有鐵製帶尖角的裝飾品，趕緊丟掉。
- 移除玄關裡的大鏡子。
- 打開玄關門就正對一面可照出全身的穿衣鏡，趕緊將鏡子移到別處去。
- 玄關兩邊固定式鞋櫃門扇上，若安裝了整面的大鏡或黑鏡，趕緊以平板紙遮蓋，一邊全面遮住，另一邊可留下一部分，縮小鏡面。或者擺放觀葉植物來遮蔽。

鏡子是
製造玄關生氣
的最重要擺設。

- 玄關的左邊或右邊，掛一面只能照出上半身的小鏡子。
- 從玄關進入室內的方向來看，左邊掛一面小鏡子可招財（即是從室內往玄關方向看的右側，右白虎）。
- 從玄關進入室內的方向來看，右邊掛一面小鏡子可升官（即是從室內往玄關方向看的左側，左青龍）。
- 只能在玄關一側牆壁上掛鏡子，如果貪心掛上兩面鏡子互相照映，氣場會因此渙散，反而不好。

生氣會受到
玄關與周圍空間
的格局所左右。

- 玄關或大門、房門的對角線方位，是聚氣所在，累積愛情、財運的方位。
- 進入玄關可看見客廳的對角線方位（聚氣所在），如果擺放了空調或家具，趕緊移到其他地方去。
- 玄關或大門、房門的對角線方位，不要擺放大型家具或空調、除濕機。
- 玄關或大門、房門的對角線方位最好擺放沙發或桌椅。
- 玄關門一打開就正對一扇落地窗的話，生氣容易外流，無法聚財，最好裝上窗簾或百葉窗，也可以視情況做一面假牆。
- 在過去小坪數的長廊式大樓住宅裡，常可見到玄關門一打開，中間正對房間門，旁邊過去才是落地窗的格局。這種格局難以聚財，可以掛簾子之類的做為補救。
- 玄關門一打開，若正對面就是衛浴門，無法聚財。最好隨時關上衛浴門，或者在前面加一道假牆或掛上簾子。
- 若打開玄關門就看得到浴室裡的沖水馬桶，馬桶蓋子最好隨時蓋著。
- 走進玄關之後，近處就有衛浴的格局，會使得流進來的生氣無法積聚，馬上又流了出去。
- 浴室最好安排在離玄關稍遠的位置。

客廳最好位於
住家中央，
保持明亮乾淨。

- 客廳的照明要明亮。
- 客廳的上方，如果在中央裝潢成井型天花板，採取間接照明，記得隨時清除裡側的灰塵。
- 沙發旁邊的檯燈一直開著，保持客廳燈光明亮，有助於提升家長的事業運。
- 客廳壁紙最好採用米色之類的顏色，不要太華麗。
- 客廳牆壁最好不要釘太多釘子。

氣場好壞會隨著
客廳結構和陽台
而改變。

- 客廳的窗戶彼此正對，生氣無法聚積，隨即外流。
- 窗對窗的情況，最好關閉其中一扇。可設計假牆，或掛上百葉窗，不要打開。
- 陽台是室內室外的緩衝空間，最好不要與室內打通。
- 客廳外帶的陽台和廚房外面的多用途空間，也最好不要打通。
- 如果已經打通陽台，最好在窗戶前面擺上觀葉植物，做為緩衝。
- 就算有陽台，但若能望見外面其他大樓住宅或建築物的轉角，要對著那個方向擺上觀葉植物遮蔽。
- 即使在陽台擺放觀葉植物，也不能弄得像庭院一樣，擺得滿滿的，會阻礙生氣的循環。
- 不要在陽台堆放雜物，盡量清理整齊，不使成為擁擠雜亂的空間。

客廳是一個
提供舒適休息、
家人溝通的空間，
因此最重要的
是沙發。

- 沙發要放在從玄關往裡看的對角線方位，擺成一個迎面看得見進屋的家人或客人的型態。
- 最好不要將沙發背對著玄關放。
- 若沙發背對著玄關，而向外可看見河，可將沙發放在迎河的方向。
- 沙發最好不要擺在臨近玄關的位置。
- 沙發最好不要背對著窗戶。
- 沙發正對著玄關，主凶。
- 沙發擺在客廳正中央，缺乏穩定感，最好避免。
- 坐在沙發上時，後面牆上的相（畫）框會讓人不安，最好移到他處。

客廳裡的家具
和擺設的擺放，
也要有一定規則。

- 生氣不會出現在一個擁擠的空間裡。
- 在空間的收納上，也必須留有餘地，不要硬塞硬擠。
- 空間轉角上擺放的觀葉植物，能破除濁氣，有利氣場流動。
- 家中的觀葉植物高度最好不要超過男主人的身高，否則會形成喧賓奪主之勢。
- 家中不管哪個角落，最好都不要擺放人造花。
- 客廳裡電磁波強大的電視機旁邊，可擺放小盆栽或蘭草來中和。
- 客廳裡最好不要放置鏡子。
- 可照見客廳的大鏡子，有礙氣場循環，會傷害家人之間的和睦關係。
- 魚缸象徵盛財之物，可以放在客廳裡。
- 掛在牆上的畫作避免選擇抽象畫或幾何型態的作品，最好選擇風景畫或全家福照片。
- 牆上不要掛太多相框或畫作。
- 雜物不要散置在外面，盡可能全部收納在櫃子裡。
- 即使是設計成書香咖啡館式的客廳，也很容易因為占滿牆面的落地書架上放了各式各樣色彩的書籍，造成眼睛疲勞，成為一個讓人精神恍惚的空間，因此最好將一部分書架安裝門扉遮蔽。
- 擺放電視機的牆面，電視機放中間，周圍擺滿書的書齋型客廳，很容易因為電視畫面上的絢爛色彩和書籍本身的顏色，使得客廳難以成為讓人舒適休息的空間，有礙客廳成為一家人聚集、溝通的場所。
- 客廳的裝飾貼壁紙，如果選擇色彩豔麗，大圖案反覆出現的類型，會使得客廳裡應該安穩舒適的氣場變得散漫，應該避免。
- 家裡如果有故障的時鐘或燈具、撕破的壁紙或需要修補的花邊、破裂或釘子外露的家具，趕緊丟棄或修補，或乾脆換新。

臥室最好規劃在能成為住家重心的穩定位置上，照明稍微昏暗。

- 臥室若位於進入玄關就可看見的位置上，十分不妥。因為玄關是進出的空間，臥室為休憩的地方，兩者在性格上是相沖的。
- 臥室裡帶衛浴的情況，躺在床上就看得見浴室門不好。如果是這種情況，可以加做假牆，或掛上簾子。若兩者皆難，乾脆改變床的位置。
- 臥室門最好不要正對著浴室門，門對門會造成氣場相沖。
- 臥室門只能有一個，若有另一個連接到其他房間去的門，會使得氣場變得很不穩定。臥室最重要的便是能安穩休息，如果有兩個以上的房門，在意義上就像是路過的通道一般，而非停歇的安穩空間。因此在一個類似從玄關通往客廳通道的空間裡睡覺，十分不恰當。
- 可以在進入臥室的房門旁邊，放一個小花盆。
- 臥室盡量昏暗些。
- 最好能在床頭放置能調整亮度的照明燈。
- 不要因為養了貓狗等寵物，就在臥室房門下方鑽洞設置小門。若是已經做了，可以掛上門簾做為補救。
- 如果家裡有多餘的房間，盡可能規劃一間更衣室，在裡面放上穿衣鏡，以免隨處散置的衣物汙濁了家中氣場。

臥室之主是床，擺放的位置非常重要。

- 打開臥室門就直接對著床頭，不好。
- 床頭朝著房門，缺乏安全感，不好。
- 床最好擺在臥室房門對角線的方位。
- 臥室若空間夠大，可以在床的兩側各放一個床頭櫃。
- 床不要緊貼著牆壁放置，最好夾著床頭櫃或保持20～30公分的距離。

床頭的朝向
要配合風水。

- 床頭最好朝東或朝南，朝北也可以，但絕對不能朝西。
- 床頭最好不要朝向玄關或衛浴所在的方位擺放。
- 床頭的左右兩側有窗的話不好，會造成氣流相沖，引起氣場混亂。
- 床頭不要放在房門所在的牆壁一側。
- 床頭所靠的牆壁後方，如果是衛浴的話，非常不好。
- 床頭後面如果有閒置空間或設計成更衣室，會造成氣場不穩定，變得汙濁。
- 床頭位置，比起假牆，擺放在能承接重力的承重牆一側較佳。
- 床頭的上方或下方，或床頭所朝方向，不能有衛浴。
- 臥室有主梁主凶，尤其是床頭上方有主梁，大凶。
- 床頭上方如果裝置書架或置物架，氣場會不穩定。
- 床頭後面不要放相（畫）框。
- 床頭櫃要放在床頭，靠著床頭所朝向的牆壁放置。
- 床頭櫃上面最好放一盞檯燈。

活用可激發臥室好生氣的家具和擺設。

- 選擇木製材質的床，盡量避免冰冷的鐵製品。
- 寢具選用有溫馨柔軟感的顏色。
- 臥室裡放置電視機，會因為電磁波妨礙睡眠，也有礙夫妻之間的深層對話，最好不要放。不然就放一盆小蘭花做為補救。
- 臥室裡的大鏡子，會妨礙氣場流動。
- 移除掉會映照出床的鏡子。
- 臥室化妝檯的鏡子若能照到床，可以稍微移動到不會照出床的位置去。
- 臥室門一打開就能看到的鏡子，最好移動到別處去。
- 躺或坐在床上時，如果會因為周圍的壁櫃或其他大件家具而有壓迫感，最好換個床位。
- 家具的邊角最好不要對著床。
- 家具上方盡量不要堆放打包物品，以免積聚濁氣。
- 如果衣櫃或櫥櫃正對著床，容易漏財。
- 在外穿著、已染濁氣的衣服，回家以後不要帶進臥室裡，若是沒有其他的空間，也要收納起來保管。

書房裡
最重要的便是
書桌的位置。

- 書桌要放在坐下來對角線方向能看見房門的位置。最好的方位就是帶有萬物回春氣息的東方。
- 打開房門，能看見電腦螢幕的正面和孩子後腦勺的書桌和椅子配放方式，只適合想監視孩子正在做什麼的父母，這樣毫無預警打開房門，會讓孩子難以集中精神用功，不建議。
- 書桌最好選擇原木製品，避免使用鐵製書桌。
- 書桌上的雜物會分散精神，形成難以專注的環境。

書房裡和書桌
同等重要的
便是椅子。

- 書房裡的椅子最好避免使用如同CEO的辦公椅一樣有高靠背的椅子。
- CEO的辦公椅是為了提升想像力的椅子，不適合做為讀書時使用。
- 帶有輪子的椅子，缺乏安定感，不建議做為書房的椅子使用。

17 day

書房裡
不要有濁氣積聚，
要提供心理上
的安定感。

- 書籍最好排放在書架上，不要堆放在書桌上，以免濁氣積聚。
- 書房如果選用帶有火氣息如粉紅、鮮紅等顏色的壁紙，容易胡思亂想、精神渙散，難以專注在書本上。火的氣息深具變化、擴散的意思。
- 書房壁紙盡量選用帶有木氣息如藍色系、綠色系的顏色。
- 帶有規律性圖案的壁紙，容易吸引視線固定於其上，反而分散精神。
- 書房若帶有陽台，不要堆放雜物，以免氣流不暢。

廚房與主臥和玄關門，
是負責家中最重要的
健康運和財運的空間，
必須保持清潔。

- 玄關門打開正對廚房的格局，將來有可能淪為乞丐。
- 流理檯裡不用的器皿最好整理後丟棄。
- 鍋碗瓢盆保留最少限度的使用數量就好，除此之外都丟棄。
- 尖銳鋒利之物，會引來煞氣和爭鬥，因此剪刀、叉子、筷子之類的物品要收納起來。
- 廚房裡的菜刀一定要收進刀鞘裡。
- 已晾乾的器皿要從晾曬架上收納起來。
- 冰箱門上貼的傳單或便利貼，全部清除掉。
- 放在冰箱上面的鍋子或平底鍋，全都收進流理檯裡去。
- 帶有「火氣息」的微波爐、烤箱，和帶有「水氣息」的冰箱、流理檯水龍頭，彼此互沖之故，最好擺放時要隔段距離。
- 廚房裡擺放觀葉植物，能使水火相沖的空間（水剋火），轉化為相生的空間（水生木，木生火）。

利用擺設和照明，
讓廚房生氣流轉。

- 比起大理石，選用木質餐桌更好。
- 比起有稜角的餐桌，圓形餐桌更好。
- 木質餐桌不要鋪上玻璃板。
- 餐桌上方，要使用最大亮度的照明。
- 使用有蓋的垃圾桶。
- 廚房裡放小盆栽。

浴室不可安排在
住家的正中，
必須保持清潔。

- 浴室最好安排在遠離玄關的地方。
- 浴室門隨時關上。
- 主臥裡的浴室門，也必須隨時關上。
- 浴室裡的沖水馬桶蓋隨時蓋上。
- 馬桶沖水前，先放下蓋子。

浴室要保持乾燥，
不可放任陰濕。

- 浴室容易變得陰濕，因此要打開排風扇或隨時開窗，以保持空氣流通。
- 在浴室裡放置蠟燭。
- 在浴室裡放置小花盆（花瓶或觀葉植物）。
- 浴室裡的觀葉植物能中和陰濕氣息。
- 在浴室裡放置薰香器。
- 可能的話，在浴室裡安裝地暖。
- 不要在浴缸裡儲水。
- 浴室和更衣室之外的地方，不要擺放大鏡子。

房子必須成為
匯聚好生氣
的空間。

- 屋小人多，家宅不安。
- 大門小，屋子大，可聚財。
- 大門大，屋子小，會漏財。
- 往兩邊開的門，要考慮房子大小，最好只使用一邊的門，另一邊關閉。
- 一般住宅的大門延伸到玄關門的小徑最好彎曲前行，不要呈一直線。

空間設計著重於
讓惡氣無法
在家中積聚。

- 家宅重在均衡、潔淨，太華麗或過度裝點的房子都主凶。
- 房大人少，無法聚財。
- 和家中人口數相比，太大或太小的房子都不好。最恰當的坪數是每一人6坪～8坪左右。
- 家中最好不要有閒置不用的房間，以免濁氣沉積。
- 人手不常接觸的空間或擺設，容易沉積濁氣，要時常清理。
- 若住宅的大門到玄關門呈一直線，外部煞氣直衝而入，主凶。
- 住宅的大門若位於宅地切角，也就是45度方向的位置，家宅不穩。
- 大門旁有大樹，會阻礙氣的流通，主凶。
- 庭院中有大樹亦主凶。
- 家宅有兩個大門，或前、後門難以區分，不好。
- 家宅裡房門正對房門，家外面或辦公室外面，玄關正對玄關的格局，主凶。
- 家宅玄關正對樓梯，留不住氣。
- 家宅出入口正對鄰近大樓的地下停車場或地下室、地下道入口的格局，容易漏財，精神上也會不穩定。
- 與周圍環境不協調，鶴立雞群的房子或大樓，主凶。
- 最好避開周圍有輸電塔之類尖細設備的社區或房子。

買房
先觀察
宅地。

- 一般住宅和大樓的宅地，或房子所在的街區，最好選擇矩形土地。
- 避免選擇蓋在三角形或梯形多邊角的宅地或街區的房子。
- 有邊角的宅地或街區，最好以景觀設計從整體上縮小角度。
- 不要選擇宅地低於道路的地方。

買房要考慮房子周圍環境和前後格局。

- 宅地前方要低、後方要高，才是吉地。
- 避免選擇密度高的大樓住宅社區，最好考慮棟距寬，樓棟安排不顯擁擠的社區。
- 不要選擇前方有帶有壓迫感的高層或大型建築物的房子。
- 最好選擇後面有高層大樓，前面建築低矮，看得見景觀的房子。
- 房子或大樓的前後或左右兩旁有大型建築物，形成被擠壓在中間的情況，難以興旺，易走向衰敗。
- 避免選擇會看見周圍建築邊角的房子。

現代風水中，
建築物與道路的關係
十分重要。

- 選擇興建在江河奔流所圍繞的內側大樓住宅用地上，或道路迴轉內側宅地的房子。
- 避免選擇高架橋或道路直衝家門而來的房子。
- 避免選擇位於死巷裡的房子。
- 位於T字形道路交叉點的房子，主凶。
- 雖然位於T字形道路的交叉點，但房子規模雄偉，足以克服煞氣的房子，主吉。

以風水為基礎，
考慮樓層和景觀。

- 閣樓最好不要列入考慮。
- 購買一般住宅或大樓住宅時，最好選擇低樓層（8樓以下）。
- 太遼闊的景觀會造成心理上的荒涼感。
- 高樓層一望無際的景觀，反而無法聚財。
- 看得見江河的房子，容易引發憂鬱症。
- 位於高架橋旁邊的住宅或低層公寓，高度低於高架橋的房子主凶。如果是商店，生意也難興旺。

大樓住宅風水別具一格。

- 避免選擇由社區入口（主出入口、副出入口）向內，一眼可見的樓棟，或同條線上的樓棟。
- 比起緊鄰路旁的樓棟，進入社區，位於內部的大樓住宅較吉。
- 位於由主出入口直線進入社區的道路旁邊的樓棟，及同條線上的樓棟，主凶。
- 最好選擇前屋主事業發達的房子。
- 住在喬遷過來的房子裡，如果財運亨通、事事順利的話，最好不要再搬。
- 大樓住宅購買前，如果可以，最好確定一下直線上下層樓住戶的興衰。
- 大樓住宅的風水要「順著線」來看。
- 避免選購住戶頻頻更換的房子。
- 最好不要購買法拍屋。

店鋪、辦公室裝潢時，也應該以風水為基礎，匯聚好生氣。

- 大門小，辦公大樓或店鋪大，能聚財。
- 大門大，辦公大樓或店鋪小，財四散。
- 辦公大樓或店鋪的出入門，與其使用自動門，不如採用旋轉門，等同於小的大門，能聚財。
- 辦公大樓有兩個正門，或正門和後門難以區分的情況，不佳。
- 從辦公大樓的服務檯往正門和後門看時，若自大樓內部也無法區分正、後門，主凶。
- 由大小或設計上來看，即使具有正門的象徵性，但進出這棟大樓的人卻多利用後門出入，主凶。
- 往兩側對開的大門，雖然必須考慮到大樓的規模，給予大門實至名歸的象徵性和地位，但實際使用時，最好只開啟一扇使用，另一扇關閉。
- 辦公室、賣場所在地，最好避開正對大樓邊角的位置。
- 最好不要選擇位於死巷裡的辦公室、店鋪。
- 位於T字形道路交叉點的大樓，主凶。
- 雖然位於T字形道路的交叉點，但房子規模雄偉，足以克服煞氣的大樓，主吉。
- 辦公室、店鋪前面正對道路直衝而來，主凶。
- 比起面向道路的店面寬度，店鋪裡的腹地愈深，生意愈旺。
- 生意太好，想擴大規模的時候，不要整修目前的店面，最好原封不動，另在附近開分店。

- 線條筆直，四四方方上去，左右對稱，這種方正的大樓最佳。
- 小型建築為了解決停車問題，通常會進行打樁工程，立起足以支撐上層建築物的支撐柱。如此一來，建築本體和地面之間就會有一段距離，不僅缺乏穩定感，也無法完整承接地氣。

- 30天來進行風水裝潢，辛苦的同時，心理也很踏實吧！這也是一個契機，對自己的住家，以及辦公室等空間，有更多的關心。從現在開始，最重要的便是好好維持住這些已經完成的步驟。同時，還要多多注意自己消磨最多時光的空間，努力使之往好的方向變化，千萬不可懈怠。
- 好的住宅和好的大樓、辦公室，最終只有持續關心自己的空間，以及日常往來經過的街道和住家，有毅力有決心的人，才能擁有。

讓自己脫穎而出的風水

世上萬物皆能以陰（－）與陽（＋），以及五行的木、火、土、金、水來區分，就如月為陰，日為陽；女為陰，男為陽。但世上萬物卻也並非絕對只能分陰陽，反而時有偏重一方的情況出現。木、火、土、金、水五行也是一樣，不存在五種元素均衡組成的情況，總是有多有少，難以達到均衡。

我們時常掛在嘴邊的「運氣真好」，就是指有好的「運」到來，足以調和失去均衡的氣場。太悲觀是個問題，相反的，過度樂觀也非正常。悲觀的陰氣場，碰上樂觀的陽氣場，相互協調才能恢復正常均衡，也意味將有好運到來。肚子餓是陰，就得適量填飽肚子，以陽的方式調節；肚子飽到快撐破的程度是陽，就需要以陰的方式，散散步，讓肚子消下去。

人住的地方也一樣，如果自己陰氣場較強，就得找個陽氣場較強的地方。這雖然可以透過出生年月日時辰八字來獲悉，但也可以從人的性格來了解。如果一個人個性內向，喜歡獨處，自我充電，那麼便可斷定是一個陰氣場較強的人。相反的，喜歡和眾人相處，從中獲取生活的力量、得到慰藉，那便是一個陽氣場較強的人。

陰氣場較為悲觀，畏畏縮縮，表情不多，做事沉著。陰的優點是沉穩、溫和、柔軟、端莊、有禮。並且具有戀家、節省、忍讓的美德，同時也很細心。喜歡安定和安全的生活，不喜投機、冒險，言行端莊。但缺點是個性內性，優柔寡斷，克服困難的毅力不足，多少帶點依賴心。而且天性保守，略為消極，多疑執著，氣小畏怯，缺乏膽量。

陽氣場正好與之相反，性格開朗，總是笑容滿面，善於表現自我，能自然表達自我情感，善於社交。活動力很強，能熱情推動事情發展，有時衝動，有時威逼，這些類型就屬陽氣場。陽的優點是外向，具有行動力，因此不愛待在家裡，喜歡社交生活，個性獨立。同時工作勤勞，凡事身先士卒，有膽量，有決斷力，勇往直前。相反的，缺點是缺乏縝密思考，不夠沉穩，好勝心強，自信心過剩，汲汲於改革，頭腦單純，花錢如流水，時有衝動冒失之處。同時喜歡投機、冒險，自我中心，愛支配他人。

像這樣，以自我性格的分析來區分陰、陽之後，住家就要尋找可為互補的空間。也就是陰氣場較強的人，就要找陽氣場空間，來相互中和。陽氣場強大的人，就要找陰氣場空間，達到陰陽協調，讓自己的魅力得以脫穎而出，給對方留下難以磨滅的印象。因此，先判斷出自己氣場的陰陽屬性之後，挑選在相反氣場的空間裡和他人見面，才能將自己的魅力散發出來。

場所也分陰、陽屬性。小而低矮，大量使用柔和線條的建築，屬陰；大而雄偉，直線型建築，屬陽。外觀上，擁有柔和曲線的大樓屬陰，長方形筆直聳立的大樓屬陽。內部空間上，略為昏暗，帶有古典韻味的屬陰；明亮耀眼，摩登設計的屬陽。處在燈光昏暗的酒吧裡，獨自喝著啤酒，聽著爵士樂，時常會莫名感傷，沉浸在思緒裡。這就是因為陰的氣息順勢而生之故。春光明媚的日子裡，到戶外遠眺陽光耀眼的天空，看著地上盛開的花朵，就會覺得生活充滿希望，人生無限美好，這就是陽的氣息發動。

陰氣太盛，容易陷入陰鬱；陽氣太盛，容易心浮氣躁。極陰會尋找極陽，因為這就和身體的自我調節功能一樣，具有想自然達到中和的特性。因此，男人的初戀情人，都喜歡找皮膚白、瓜子臉、長頭髮的女人，因為這副模樣屬陰。男人對女人一見鍾情的情況，也是因為屬陽的男人找到了極陰，一眼便深陷不可自拔。女人對男人一見鍾情，也是因為屬陰的女人心，一下子被男人極陽的氣息所撼動之故。

世上萬物都要達到陰陽協調，相互中和，才能散發美麗，打造出一個吉星高照的環境。與人交往時，吉星高照就代表著對方被自己深深吸引，這份魅力或許就能讓兩人之間走向更美好的關係。

結語

改變空間，改變命運

我們常說的運、運勢，總是稍縱即逝。為了抓住如此的運勢，我們也必須做出實際的行動。因為運氣這種東西，是要靠自己去掌握的。反過來說，運氣也會自己動起來，提供人新的機會和契機。

人的宿命，因為與生俱來、無法改變的天性而有所不同。而能夠改變宿命的方法，除了結識新的人來推動命運之外，就要靠改變住家和工作空間來達成。

認識的人不同，可能會讓自己幸福，也可能陷入不幸，景況淒涼。所以若要與人交往，雙方都必須以毫不勉強的方式，接受自己與生俱來的天性，如此兩人才會幸福。空間也是一樣，有讓人感覺舒適的空間，也有讓人感覺難受、不安的空間。空間與人，彼此氣場交互作用，因此居住環境有了轉變，人心隨之變化，生活就會跟著改變。

到目前為止，閱讀本書的同時，腦海中也想著自己居住和工作的空間，一件一件改變，慢慢改善吧。或許也有人乾脆放棄現在住的地方，搬到新家去了吧？如此改變之後的宅地和空間，一定會讓您的人生有所不同。

固守不變，卻夢想有個不同的未來，這是不切實際的妄想。正如愛因斯坦所說，神經病就是重複一樣的事，卻期待不一樣的結果。想要擁有新的人生和不一樣的生活，就必須從自己所生活的空間開始改變。如此改變之後的變化，一定會讓自己看到人生不一樣的結果。事不宜遲，從現在就開始改變，剩下的就是等待不同的結果出現。您的人生會有更多的幸運到來，也有更充分的資格得到幸福。

生活風格 BLF074

好運宅改造王

型男設計師教你創造正能量空間

운명을 바꾸는 인테리어 TIP 30

編者 — 朴成浚（박성준）
譯者 — 游芯歆

事業群發行人／CEO／總編輯 — 王力行
副總編輯 — 周思芸
責任編輯 — 陳怡琳
封面設計 — 三人制創
內頁設計 — 連紫吟、曹任華

出版者 — 遠見天下文化出版股份有限公司
創辦人 — 高希均、王力行
遠見・天下文化・事業群 董事長 — 高希均
事業群發行人／CEO — 王力行
出版事業部副社長／總經理 — 林天來
版權部協理 — 張紫蘭
法律顧問 — 理律法律事務所陳長文律師
著作權顧問 — 魏啟翔律師
社址 — 台北市 104 松江路 93 巷 1 號 2 樓
讀者服務專線 — 02-2662-0012
傳真 — 02-2662-0007；02-2662-0009
電子郵件信箱 — cwpc@cwgv.com.tw
直接郵撥帳號 — 1326703-6 號　遠見天下文化出版股份有限公司

製版廠 — 東豪印刷事業有限公司
印刷廠 — 立龍藝術印刷股份有限公司
裝訂廠 — 明和裝訂有限公司
登記證 — 局版台業字第 2517 號
總經銷 — 大和書報圖書股份有限公司　電話／(02)8990-2588
出版日期 — 2016 年 01 月 29 日第一版第 1 次印行

定價 — NT380 元
ISBN — 978-986-320-915-7
書號 — BLF074
天下文化書坊 — www.bookzone.com.tw

國家圖書館出版品預行編目(CIP)資料

好運宅改造王：型男設計師教你創造正能量空間 /
朴成浚著；游芯歆譯.
-- 第一版. -- 臺北市：遠見天下文化, 2016.01
面；　公分. -- (生活風格；BLF074)
ISBN 978-986-320-915-7(平裝)

1.家庭佈置 2.空間設計 3.改運法

422.5　　104028631